概率论与数理统计练习与提高

（一）

GAILÜLUN YU SHULI TONGJI LIANXI YU TIGAO

刘鲁文　黄娟　乔梅红　主编

图书在版编目(CIP)数据

概率论与数理统计练习与提高:全2册/刘鲁文,黄娟,乔梅红主编.—武汉:中国地质大学出版社,2018.6(2022.8重印)

ISBN 978-7-5625-4263-6

Ⅰ.①概…

Ⅱ.①刘…②黄…③乔…

Ⅲ.①概率论-高等学校-教学参考资料②数理统计-高等学校-教学参考资料

Ⅳ.①O21

中国版本图书馆CIP数据核字(2018)第078986号

概率论与数理统计练习与提高 刘鲁文 黄娟 乔梅红 **主编**

责任编辑:谌福兴 郑济飞 责任校对:徐蕾蕾

出版发行:中国地质大学出版社(武汉市洪山区鲁磨路388号) 邮政编码:430074

电 话:(027)67883511 传真:67883580 E-mail:cbb@cug.edu.cn

经 销:全国新华书店 http://cugp.cug.edu.cn

开本:787毫米×1092毫米 1/16 字数:250千字 印张:9.75

版次:2018年6月第1版 印次:2022年8月第5次印刷

印刷:武汉市籍缘印刷厂

ISBN 978-7-5625-4263-6 定价:28.00元(全2册)

前　言

为了便于在教学中教师批阅和学生使用，本书分为第一分册和第二分册。

第一分册包括随机事件及其概率、多维随机变量及其分布、大数定律与中心极限定理与参数估计。

第二分册包括随机变量及其分布、随机变量的数字特征、样本与抽样分布与假设检验。各章配有习题，书末附有答案。

本书可作为高等学校工科概率论与数理统计课程的教学习题参考书。

本书编写工作由乔梅红负责前言、随机事件及其概率、随机变量及其分布，黄娟负责多维随机变量及其分布、随机变量的数字特征、大数定律与中心极限定理，刘鲁文负责样本与抽样分布、参数估计和假设检验。

限于编者水平，同时编写时间也比较仓促，书中一定存在不妥之处，希望广大读者批评和指正。

编　者

2018 年 5 月

目　录

第一章　随机事件及其概率

第一节　样本空间与随机事件

1. 基本概念

(1)$A \subset B$:A 是 B 的子集

(2)$A \cup B$:A 与 B 的并集

(3)$A \cap B$:A 与 B 的交集

(4)$A \cap B = \varnothing$:A 与 B 互不相容

(5)$A - B$:A 与 B 的差

(6)$\overline{A}$:A 的对立事件

(7)$\overline{A \cup B}$:事件 A 和事件 B 至少一个发生的对立事件

(8)$\overline{A \cap B}$:事件 A 和事件 B 同时发生的对立事件

2. 常用公式

(1)$A + B = A + \overline{A}B = B + A\overline{B}$

(2)$A - B = A\overline{B} = A - AB$

例 1　一枚硬币连丢 2 次,A:第一次出现正面,则 $A=\{$正正,正反$\}$;B:两次出现同一面,则 $B=\{$正正,反反$\}$,C:至少有一次出现正面,则 $C=\{$正正,正反,反正$\}$.

例 2　记录寻呼台 1min 内接到的呼唤次数. $S=\{0,1,2,3,\cdots\}$.

例 3　抛一颗骰子,观察出现的点数. $S=\{1,2,3,4,5,6\}$.

例 4　在一批灯泡中任意抽取一只,测试它的寿命. $S=\{t \mid t \geqslant 0\}$.

例 5 记录某地一昼夜的最低温度和最高温度. $S=\{(x,y)\mid T_0\leqslant x,y\leqslant T_1\}$.

例 6 将一枚硬币抛掷 3 次,观察出现正面的次数. $S=\{0,1,2,3\}$.

A 类题

1. 填空题

(1)一枚硬币连丢 3 次,观察正面 H 、反面 T 出现的情形. 样本空间是____________________.

(2)连续射击一目标,设 A_i 表示第 i 次射中,直到射中为止的试验样本空间为 Ω,则 $\Omega=$________________.

(3)用事件 A,B,C 表示下列事件:A,B,C 中不多于一个发生__________;A,B,C 中不多于两个发生__________;A,B,C 中至少有两个发生__________.

2. 选择题

(1)以 A 表示事件"甲种产品畅销,乙种产品滞销",则其对立事件 $\overline{A}$ 为(　).

(A)甲种产品畅销,乙种产品滞销　　(B)甲、乙两种产品均畅销

(C)甲种产品滞销　　(D)甲种产品滞销或乙种产品畅销

(2)对于任意二事件 A 和 B,与 $A\cup B=B$ 不等价的是(　).

(A)$A\subset B$　　(B)$\overline{B}\subset\overline{A}$　　(C)$A\overline{B}=\varnothing$　　(D)$\overline{A}B=\varnothing$

(3)如果事件 A,B 有 $B\subset A$,则下述结论正确的是(　).

(A)A 与 B 同时发生　　(B)A 发生,B 必发生

(C)A 不发生 B 必不发生　　(D)B 不发生 A 必不发生

(4)A 表示"5 个产品全是合格品",B 表示"5 个产品恰有一个废品",C 表示"5 个产品不全是合格品",则下述结论正确的是(　).

(A)$\overline{A}=B$　　(B)$\overline{A}=C$　　(C)$\overline{B}=C$　　(D)$\overline{A}=B-C$

3. 计算下列各题

(1)写出下列随机实验的样本空间 Ω:

(a)一枚硬币连丢 3 次,观察出现正面的次数.

(b)10 只产品中有 3 只次品,每次从中取一只(取出后不放回),直到将 3 只次品都取出,记录抽取的次数.

(c)丢一颗骰子. A:出现奇数点,则 $A=$ ____________;B:数点大于 2,则 $B=$ ____________.

(d)有 A,B,C 3 个盒子,a,b,c3 个球,将 3 个球分别装入 3 个盒子中,使每个盒子装一个球,观察装球情况.

(2)判断下列说法是否正确:

(a)如果事件 A 与 B 互不相容,则 A 与 B 互为对立事件.　　(　)

(b)如果事件 A 与 B 互不相容,B 与 C 互不相容,则 A 与 C 互不相容.　　(　)

(c)"事件 A 与 B 中至少有一个发生"的对立事件是"A 与 B 都不发生".　　(　)

(3)下面各式说明什么包含关系?

(a)$AB=A$;

(b)$A+B=A$;

(c)$A+B+C=A$.

(4)设 $\Omega=\{1,2,3,4,5,6,7,8,9,10\}$,$A=\{2,3,4\}$,$B=\{3,4,5\}$,$C=\{5,6,7\}$,具体写出下列各事件:

(a)$\overline{A}B$;

(b)$\overline{A}+B$;

(c)$\overline{\overline{A}\,\overline{B}}$;

(d)$\overline{A\,\overline{BC}}$;

(e)$\overline{A(B+C)}$.

(5)如下图,令 A_i 表示"第 i 个开关闭合",$i=1,2,3,4,5,6$,试用 $A_1,A_2,\cdots,A_6$ 表示下列事件:①系统Ⅰ为通路;②系统Ⅱ为通路.

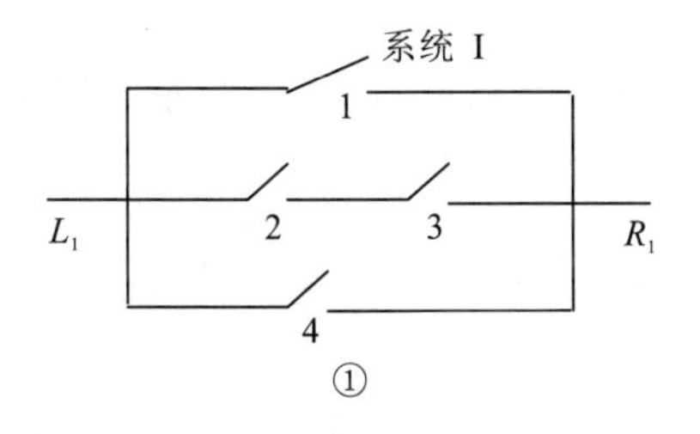

①

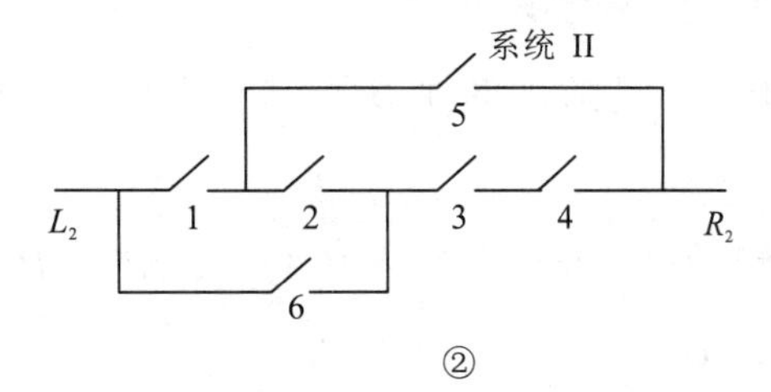

②

(6)设 A,B 是两个任意事件,化简下列各式:

(a)$(A+B)(A+\overline{B})(\overline{A}+B)$;

(b)$(A+B)(A+\overline{B})(\overline{A}+B)(\overline{A}+\overline{B})$.

第二节　事件的频率与概率

1. 概率的统计定义 $f_n(A)=\frac{n_A}{n}$.

2. 概率的古典定义 $P(A)=\frac{m}{n}$,事件 A 中所含样本点数 m,样本空间 Ω 所含样本点总数 n.

3. 概率的公理化定义:设实值函数 $P(A)$ 的定义域为所考虑的全体随机事件组成的集合,且这个集合函数满足下列三条公理,则称 $P(A)$ 为事件 A 的概率.

(1)$0\leqslant P(A)\leqslant 1$

(2)$P(\Omega)=1$

(3) $A_1,A_2,\cdots,A_n,\cdots$ 两两互不相容,则 $P(\bigcup\limits_{i=1}^{\infty}A_i)=\sum\limits_{i=1}^{\infty}P(A_i)$.

4. 概率的常用公式

(1)$P(\overline{A})=1-P(A)$

(2)加法公式:$P(A\cup B)=P(A)+P(B)-P(AB)$

(3)减法公式:$P(A-B)=P(A)-P(AB)$

(4)$P(A)=P(AB)+P(A\overline{B})$或 $P(B)=P(AB)+P(\overline{A}B)$

例 1　设随机事件 B 及其和事件 $A\cup B$ 的概率分别是 0.3 和 0.6,那么 $P(A\overline{B})=$ ________.

解:因为 $P(A\cup B)=P(A)+P(B)-P(AB)$,则 $P(A\overline{B})=P(A)-P(AB)=P(A\cup B)-P(B)=0.6-0.3=0.3$.

例 2　一部 10 卷文集,将它按任意顺序排放在书架上,试求其恰好按先后顺序排放的概率.

解:设 $A=\{$10 卷文集按先后顺序排放$\}$,将 10 卷文集按任意顺序排放,共有 $10!$ 种不同的排法(样本点总数).只有 $1,2,\cdots,10$ 或者 $10,9,\cdots,1$ 是按顺序排放.所以 $P(A)=\frac{2}{10!}$.

例 3　某接待站在某一周曾接待过 12 次来访，已知所有这 12 次接待都是在周二和周四进行的. 问是否可以推断接待时间是有规定的？

解：假设接待站的接待时间没有规定，各来访者在一周的任一天中去接待站是等可能的，那么，12 次接待来访者都在周二、周四的概率为：$\frac{2^{12}}{7^{12}}=0.000\,000\,3$，即千万分之三. 所以由小概率事件在一次试验中不可能发生的原理可知，接待时间是有规定的.

例 4　袋中有 a 只白球，b 只黑球. 从中任意取出 k 只球，试求第 k 次取出的球是黑球的概率.

解：设：A="第 k 次取出的球是黑球"

从 $a+b$ 个球中依次取出 k 个球，有取法 p_{a+b}^{k} 种(样本点总数).

第 k 次取出黑球，有取法 b 种，前 $k-1$ 次取球，有取法 p_{a+b-1}^{k-1} 种，因此事件 A 所含样本点数为 $b\cdot p_{a+b-1}^{k-1}$.

所以，$P(A)=\frac{b\cdot p_{a+b-1}^{k-1}}{p_{a+b}^{k}}=\frac{b}{a+b}$.

例 5　同时掷 5 颗骰子，试求下列事件的概率：

A={5 颗骰子不同点}；

B={5 颗骰子恰有 2 颗同点}；

C={5 颗骰子中有 2 颗同点，另外 3 颗同是另一个点数}.

解：同时掷 5 颗骰子，所有可能结果共有 6^5 个，所以 $P(A)=\frac{P_6^5}{6^5}$.

事件 B 所含样本点数为 $C_5^2\cdot 6\cdot P_5^3$，所以 $P(B)=\frac{C_5^2\cdot 6\cdot P_5^3}{6^5}=0.46$.

事件 C 所含样本点数为 $C_5^2\cdot P_6^2$，所以 $P(C)=\frac{C_5^2\cdot P_6^2,}{6^5}=0.04$.

A 类题

1. 填空题

(1)设随机事件 A,B 及其和事件 $A+B$ 的概率分别是 0.5，0.6 和 0.8，若 $\overline{B}$ 表示 B 的对立事件，那么 $P(\overline{A}\overline{B})$=____________.

(2)已知 $P(A)=0.4$，$P(B)=0.3$.

(a)当 A,B 互不相容时,$P(A+B)=$__________,$P(AB)=$__________.

(b)当 $B\subset A$ 时,$P(A+B)=$__________,$P(AB)=$__________.

(3)若 $P(A)=\alpha$, $P(B)=\beta$, $P(AB)=\gamma$,$P(\bar{A}+\bar{B})=$__________,$P(\bar{A}B)=$__________,$P(\bar{A}+B)=$__________.

2. 选择题

(1)若二事件 A 和 B 满足 $P(B|A)=1$,则(　).

(A)A 是必然事件　(B)$P(B|\bar{A})=0$　(C)$A\subset B$　(D)$B\subset A$

(2)某事件的概率是0.2,如果试验5次,则(　).

(A)一定会出现一次　(B)一定会出现5次

(C)至少出现一次　(D)出现的次数不确定

(3)设 A、B 是任意两个概率不为0的不相容的事件,则下列事件肯定正确的是(　).

(A)$\bar{A}$ 与 $\bar{B}$ 不相容　(B)$\bar{A}$ 与 $\bar{B}$ 相容

(C)$P(AB)=P(A)P(B)$　(D)$P(A-B)=P(A)$

(4)一对夫妇招待4位客人同桌共餐,随意入座,夫妇二人不相邻的概率为(　).

(A)$\frac{1}{5}$　(B)$\frac{2}{5}$　(C)$\frac{3}{5}$　(D)$\frac{4}{5}$

3. 计算下列各题

(1)对于概率 $P(A)$,$P(AB)$,$P(A+B)$,$P(A)+P(B)$,按从左到右、由小到大的要求重新给出排序,并简要说明依据.

(2)已知 $P(A)=P(B)=P(C)=\frac{1}{4}$,$P(AB)=0$,$P(AC)=P(BC)=\frac{1}{16}$,求事件 A,B,C 全不发生的概率.

(3)在电话号码簿中任取一个电话号码,则后面4个数全不相同的概率(设后面4个数中的每一个数都是等可能地取0,1,…,9).

(4)某足球队在第一场比赛中获胜的概率是$\frac{1}{2}$,在第二场比赛中获胜的概率是$\frac{1}{3}$,如果在两场比赛中都获胜的概率是$\frac{1}{6}$,那么在这两场比赛中至少有一场获胜的概率是多少?

(5)在房间里有10个人,分别佩戴从1号到10号的纪念章,任选3个记录其纪念章的号码,则最小号码为5的概率是__________;最大号码为5的概率是__________.

B类题

1.对任意两个事件A与B,证明:$P(A\overline{B}+\overline{A}B)=P(A)+P(B)-2P(AB)$.

2.一个试验仅有4个互不相容的结果:A,B,C和D,检查下面各组概率是否是允许的.

(1)$P(A)=0.38,P(B)=0.16,P(C)=0.11,P(D)=0.35$;

(2)$P(A)=0.31,P(B)=0.27,P(C)=0.28,P(D)=0.16$;

(3)$P(A)=0.32,P(B)=0.27,P(C)=-0.06,P(D)=0.47$;

(4)$P(A)=1/2,P(B)=1/4,P(C)=1/8,P(D)=1/16$;

(5)$P(A)=5/18,P(B)=1/6,P(C)=1/3,P(D)=2/9$.

C类题

1.已知事件A,B仅发生一个的概率为0.3,且$P(A)+P(B)=0.5$,求A,B至少有一个不发生的概率.

2. 一个人把 6 根草紧握在手中,仅露出它们的头和尾.然后随机把 6 个头两两相接,6 个尾两两相接,则放开手后 6 根草恰好连成一个环的概率是____________________.

第三节　古典概型与几何概型

等可能概型:试验的样本空间只包含有限个元素,试验中每个事件发生的可能性相同,若事件 A 包含 m 个基本事件,即 $A=\{e_{i_1}\}\cup\{e_{i_2}\}\cup\cdots\cup\{e_{i_m}\}$,这里 $i_1,i_2,\cdots,i_m$ 是 $1,2,\cdots,n$ 中某 m 个不同的数,则有 $P(A)=\dfrac{m}{n}$,m 是 A 包含的基本事件数,n 是 Ω 中基本事件的总数.

例 1　一个袋子中装有 10 个大小相同的球,其中 3 个黑球,7 个白球,求:

(1)从袋子中任取一球,这个球是黑球的概率;

(2)从袋子中任取两球,刚好一个白球一个黑球的概率以及两个球全是黑球的概率.

解:(1)10 个球中任取一个,共有 $C_{10}^1=10$ 种.从而根据古典概率计算,事件 A:"取到的球为黑球"的概率为 $P(A)=\dfrac{C_3^1}{C_{10}^1}=\dfrac{3}{10}$.

(2)10 个球中任取两球的取法有 C_{10}^2 种,其中刚好一个白球、一个黑球的取法有 $C_3^1\cdot C_7^1$ 种取法,两个球均是黑球的取法有 C_3^2 种,记 B 为事件"刚好取到一个白球一个黑球",C 为事件"两个球均为黑球",则 $P(B)=\dfrac{C_3^1C_7^1}{C_{10}^2}=\dfrac{7}{15}$,$P(C)=\dfrac{C_3^2}{C_{10}^2}=\dfrac{1}{15}$.

例 2　将一枚硬币抛掷 3 次.设:事件 A 为"恰有一次出现正面",事件 B 为"至少有一次出现正面",求 $P(A)$,$P(B)$.

解：样本空间 $S=\{HHH,HHT,HTH,THH,HTT,THT,TTH,TTT\}$，$n=8$，即 S 中包含有限个元素，且由对称性知每个基本事件发生的可能性相同，属于古典概型. A 为“恰有一次出现正面”，$A=\{HTT,THT,TTH\}$，$k=3$，$P(A)=\dfrac{k}{n}=\dfrac{3}{8}$，事件 B 为“至少有一次出现正面”，$B=\{HHH,HHT,HTH,THH,HTT,THT,TTH\}$，$k_1=7$，$P(B)=\dfrac{k_1}{n}=\dfrac{7}{8}$.

例 3　(会面问题)甲、乙二人约定在 12：00 到 17：00 之间在某地会面，先到者等一个小时后即离去，设二人在这段时间内的各时刻到达是等可能的，且二人互不影响，求二人能会面的概率.

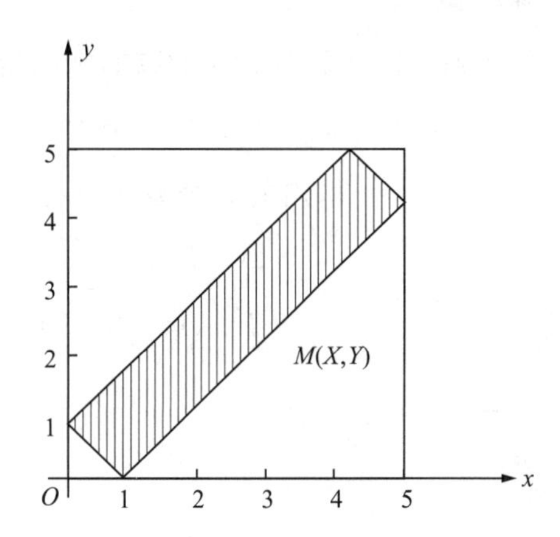

解：如右图以 X,Y 分别表示甲乙二人到达的时刻，于是 $0\leqslant X\leqslant 5$，$0\leqslant Y\leqslant 5$，即点 M 落在图中的阴影部分. 所有的点构成一个正方形，即有无穷多个结果. 由于每人在任一时刻到达都是等可能的，所以落在正方形内各点是等可能的.

二人会面的条件是 $0\leqslant|X-Y|\leqslant 1$，$P=\dfrac{9}{25}$.

例 4　将 15 名新生随机地平均分配到 3 个班中去，这 15 名新生中有 3 名是优秀生. 问：

(1)每个班各分配到一名优秀生的概率是多少？

(2)3 名优秀生分配到同一个班级的概率是多少？

解：15 名新生平均分配到 3 个班级中去的分法总数为：

$$C_{15}^{5}\times C_{10}^{5}\times C_{5}^{5}=\frac{15\times 14\times 13\times 12\times 11}{5!}\times\frac{10\times 9\times 8\times 7\times 6}{5!}\times\frac{5\times 4\times 3\times 2\times 1}{5!}=\frac{15!}{5!\times 5!\times 5!}$$

(1)将3名优秀生分配到3个班级，使每个班级都有1名优秀生的分法共有3!种. 其余12名新生平均分配到3个班级中的分法共有$\dfrac{12!}{4!4!4!}$.

每个班各分配到 1 名优秀生的分法总数为：$\dfrac{3!\times 12!}{4!4!4!}$

于是所求的概率为：

$$p_1=\frac{3!\times 12!}{4!4!4!}\Big/\frac{15!}{5!5!5!}=\frac{25}{91}=0.2747.$$

(2)3 名优秀生分配到同一个班级的概率为：

$$p_2=3\times\frac{12!}{2!5!5!}\Big/\frac{15!}{5!5!5!}=\frac{6}{91}=0.0659.$$

例 5 从 1～9 这 9 个数中有放回地取出 n 个数，试求取出的 n 个数的乘积能被 10 整除的概率.

解：A=｛取出的 n 个数的乘积能被 10 整除｝；

B=｛取出的 n 个数至少有一个偶数｝；

n=｛取出的 n 个数至少有一个 5｝.

则 $$A=B\cap C$$

$$P(A)=P(BC)=1-P(\overline{BC})=1-P(\bar{B}\cup\bar{C})$$

$$=1-[P(\bar{B})+P(\bar{C})-P(\bar{B}\bar{C})]=1-\frac{5^n}{9^n}-\frac{8^n}{9^n}+\frac{4^n}{9^n}$$

A 类题

1. 填空题

(1)将长为 l 的棒任意地折成 3 段，求三段的长度都不超过 $\frac{1}{2}$ 的概率为__________.

(2)一批(N 个)产品中有 M 个次品. 从这批产品中任取 n 个，其中恰有 m 个次品的概率是__________.

(3)将 C、C、E、E、I、N、S 7 个字母随机地排成一行，那么恰好排成英文单词 $SCIENCE$ 的概率为__________.

(4)甲乙两人约定在 16：00 到 17：00 间在某地相见，他们约好当其中一人先到后一定要等另一人 15min，若另一人仍不到则可以离去，试求这两人能相见的概率为__________.

(5)设 A 为圆周上一定点，在圆周上等可能任取一点与 A 连接，弦长超过半径 $\sqrt{2}$ 倍的概率为__________.

(6)在区间(0,1)中随机取两个数，则这两个数之差的绝对值小于 $\frac{1}{2}$ 的概率为______.

2. 选择题

(1)n 张奖券中含有 m 张有奖的,k 个人购买,每人一张,其中至少有一人中奖的概率是(　　).

(A)$\frac{m}{C_n^k}$　　(B)$1-\frac{C_{n-m}^k}{C_n^k}$　　(C)$\frac{C_m^1C_{n-m}^{k-1}}{C_n^k}$　　(D)$\sum_{r=1}^{k}\frac{C_m^r}{C_n^k}$

(2)掷两枚均匀硬币,出现一正一反的概率是(　　).

(A)$\frac{1}{3}$　　(B)$\frac{1}{2}$　　(C)$\frac{1}{4}$　　(D)$\frac{3}{4}$

(3)在两根相距 6m 的木杆上系一根绳子,并在绳子上挂一盏灯,则灯与两端距离都大于 2m 的概率是(　　).

(A)$\frac{1}{2}$　　(B)$\frac{1}{3}$　　(C)$\frac{1}{4}$　　(D)$\frac{1}{5}$

3. 计算下列各题

(1)已知 10 只晶体管中有 2 只次品,在其中取 2 次,每次随机取一只,作不放回抽样,求下列事件的概率.

(a)两只都是正品;(b)两只都是次品;(c)一只是正品,一只是次品;(d)至少一只是正品.

(2)把 10 本书任意放在书架上,求其中指定的 5 本书放在一起的概率.

(3)在集合$\{(x,y)\mid 0\leqslant x\leqslant 5,0\leqslant y\leqslant 4\}$内任取一个元素,能使不等式$\frac{x}{4}+\frac{y}{3}-\frac{19}{12}\geqslant 0$成立的概率是多少?

(4)从 0～9 中任取 4 个数构成电话号码(可重复取)求：

(a)在一个电话号码中有 2 个数字相同,另 2 个数字不同的概率 p；

(b)在一个电话号码中至少有 3 个数字相同的概率 q.

(5)在区间[0,1]上任取 3 个实数 x,y,z,事件 $A=\{(x,y,z)\mid x^2+y^2+z^2<1\}$.求事件 A 的概率.

B 类题

1.在 5 双不同的鞋中任取 4 只,求：

(1)恰有两只配成一双的概率；

(2)至少有两只配成一双的概率.

2.将长为 l 的木棒随机的折成 3 段,求 3 段构成三角形的概率.

3.设点(p,q)随机地落在平面区域 D:$|p|\leqslant 1,|q|\leqslant 1$ 上,试求一元二次方程 $x^2+px+q=0$ 两个根,求：

(1)都是实数的概率；

(2)都是正数的概率.

第四节　条件概率

1. 条件概率

$$P(B|A)=\frac{P(AB)}{P(A)}, P(\bar{B}|A)=1-P(B|A)$$

2. 乘法公式

$P(A)>0$ 时，$P(AB)=P(A)P(B|A)$

$P(B)>0$ 时，$P(AB)=P(B)P(A|B)$

例 1　设 $A\subset B$，$P(A)=0.1$，$P(B)=0.5$，则 $P(A|B)=$________；$P(\bar{A}+\bar{B})=$________.

解：因为 $A\subset B$，所以 $AB=A$，则

$$P(A|B)=\frac{P(AB)}{P(B)}=\frac{0.1}{0.5}=0.2$$

$$P(\bar{A}+\bar{B})=P(\overline{AB})=1-P(AB)=1-0.1=0.9.$$

例 2　已知某家庭有 3 个小孩，且至少有一个是女孩，求该家庭至少有一个男孩的概率.

解：设$A=\{3$ 个小孩至少有一个女孩$\}$

$B=\{3$ 个小孩至少有一个男孩$\}$

则
$$P(A)=1-P(\bar{A})=1-\frac{1}{8}=\frac{7}{8}, P(AB)=\frac{6}{8}$$

所以
$$P(B|A)=\frac{P(AB)}{P(A)}=\frac{\frac{6}{8}}{\frac{7}{8}}=\frac{6}{7}.$$

例 3　袋中有一个白球与一个黑球，现每次从中取出一球，若取出白球，则除把白球放回外再加进一个白球，直至取出黑球为止. 求取了 n 次都未取出黑球的概率.

解：设 $B=\{$取了 n 次都未取出黑球$\}$，$A_i=\{$第 i 次未取出黑球$\}$，$(i=1,2,\cdots,n)$，则

$B=A_1A_2\cdots A_n$ 由乘法公式，我们有

$$P(B)=P(A_1A_2\cdots A_n)$$
$$=P(A_1)P(A_2\mid A_1)P(A_3\mid A_1A_2)\cdots P(A_n\mid A_1A_2\cdots A_{n-1})$$
$$=\frac{1}{2}\cdot\frac{2}{3}\cdot\frac{3}{4}\cdots\frac{n}{n+1}=\frac{1}{n+1}$$

例4 设某光学仪器厂制造的透镜,第一次落下时打破的概率为1/2,若第一次落下未打破,第二次落下打破的概率为7/10,若前两次落下未打破,第三次落下打破的概率为9/10.求透镜落下3次而未打破的概率.

解:以$A_i(i=1,2,3)$表示事件"透镜第i次落下打破",以B表示事件"透镜落下3次而未打破",有:

$$P(B)=P(\overline{A}_1\overline{A}_2\overline{A}_3)=P(\overline{A}_3\mid\overline{A}_1\overline{A}_2)P(\overline{A}_2\mid\overline{A}_1)P(\overline{A}_1)$$
$$=(1-\frac{9}{10})(1-\frac{7}{10})(1-\frac{1}{2})=\frac{3}{200}.$$

A类题

1. 填空题

(1)已知$P(A)=\frac{1}{4}$,$P(B|A)=\frac{1}{3}$,$P(A|B)=\frac{1}{2}$,则$P(A\cup B)=$__________.

(2)假设一批产品中一、二、三等品各占60%,30%,10%,从中随机取一件不是三等品,则取到一等品的概率为__________.

(3)已知$P(A)=0.7$,$P(B)=0.6$,$P(B|\overline{A})=0.4$,则$P(A\cup B)=$__________.

(4)一批产品共有10个正品和2个次品,任意抽取两次,每次抽1个,抽出后不再放回,则第二次抽出的是次品的概率为__________.

2. 选择题

(1)设A,B为两随机事件,且$B\subset A$,则下列式子正确的是(   ).

(A)$P(A+B)=P(A)$ (B)$P(AB)=P(A)$

(C)$P(B|A)=P(B)$ (D)$P(B-A)=P(B)-P(A)$

(2)假设事件A和B满足$P(B|A)=1$,则(   ).

(A)A是必然事件 (B)$P(B|\overline{A})=0$ (C)$A\supset B$ (D)$A\subset B$

(3)设A,B,C是三随机事件,且$P(C)>0$,则下列等式成立的是(   ).

(A)$P(A|C)+P(\overline{A}|\overline{C})=1$ (B)$P(A\cup B|C)=P(A|C)+P(B|C)-P(AB|C)$

(C) $P(A|C)+P(A|\bar{C})=1$　　　　(D) $P(A\cup B|C)=P(A|C)P(B|C)$

(4)设 A,B 是任意两事件,且 $A\subset B,P(B)>0$,则下列选项必然成立的是(　　).

(A) $P(A)<P(A|B)$　　　　(B) $P(A)\leqslant P(A|B)$

(C) $P(A)>P(A|B)$　　　　(D) $P(A)\geqslant P(A|B)$

(5)设 $P(A)=P(B)>0$,则(　　).

(A) $A=B$　　　　(B) $P(A|B)=1$

(C) $P(B|A)=P(A|B)$　　　　(D) $P(B|A)+P(A|B)=1$

3. 计算下列各题

(1)某厂的产品中有4%的废品,在100件合格品中有75件一等品,试求在该产品中任取一件是一等品的概率.

(2)某地区历史上从某年后30年内发生特大洪水的概率为80%,40年内发生特大洪水的概率为85%,求已过去了30年未发生特大洪水的地区在未来10年内发生特大洪水的概率.

(3)一批产品共有10件正品和2件次品,任取2次,每次取一件,取后不放回,求第2次取出的是次品的概率.

(4)比赛规定5局比赛中先胜3局为胜,设甲、乙两人在每局中获胜的概率分别为0.6和0.4,若比赛进行了两局,甲以2∶0领先,求最终甲为胜利者的概率.

B类题

1.若 $P(A)>0$,$P(B)>0$,且 $P(A|B)>P(A)$,求证:$P(B|A)>P(B)$.

2.求证:事件 A 与 B 互不相容,且 $0<P(B)<1$,则 $P(A|\overline{B})=\frac{P(A)}{1-P(B)}$.

3.(1)已知 $P(\overline{A})=0.3$,$P(B)=0.4$,$P(A\overline{B})=0.5$,求条件概率 $P(B|A\cup\overline{B})$.

(2)已知 $P(A)=\frac{1}{4}$,$P(B|A)=\frac{1}{3}$,$P(A|B)=\frac{1}{2}$,试求 $P(A\cup B)$.

第五节　全概率公式和贝叶斯公式

1. 全概率公式

若 $B_1,B_2,\cdots,B_n$ 两两互不相容，且 $\bigcup\limits_{i=1}^{n} B_i=\Omega$，则对任意事件 A 有

$$P(A)=\sum_{i=1}^{n}P(B_i)P(A|B_i)$$

2. 贝叶斯公式

若 $B_1,B_2,\cdots,B_n$ 两两互不相容，且 $\bigcup\limits_{i=1}^{n} B_i=\Omega$，则对任意概率大于零的事件 A 有

$$P(B_i|A)=\frac{P(B_i)P(A|B_i)}{\sum\limits_{j=1}^{n}P(B_j)P(A|B_j)}$$

例 1　发报台分别以概率 0.6 和 0.4 发出信号"#"和"—". 由于通讯系统受到干扰，当发出信号"#"时，收报台分别以概率 0.8 和 0.2 收到信号"#"和"—"，同样，当发出信号"—"时，收报台分别以概率 0.9 和 0.1 收到信号"—"和"#". 则收报台收到信号"#"的概率为__________，当收到"#"时，发报台是发出信号"#"的概率为__________.

解：设 $B_1=\{$发出信号"#"$\}$，$B_2=\{$发出信号"—"$\}$，$A=\{$收到信号"#"$\}$，依条件，$P(B_1)=0.6$，$P(B_2)=0.4$，$P(A|B_1)=0.8$，$P(A|B_2)=0.1$，由全概率公式得：

$$P(A)=P(B_1)P(A|B_1)+P(B_2)P(A|B_2)=0.52$$

由贝叶斯公式得：

$$P(B_1|A)=\frac{P(B_1)P(A|B_1)}{P(A)}=\frac{12}{13}.$$

例 2　某小组有 20 名射手，其中一、二、三、四级射手分别为 2、6、9、3 名. 又若选一、二、三、四级射手参加比赛，则在比赛中射中目标的概率分别为 0.85，0.64，0.45，0.32，今随机选一人参加比赛，试求该小组在比赛中射中目标的概率.

解：设 $B=\{$该小组在比赛中射中目标$\}$，$A_i=\{$选 i 级射手参加比赛$\}$，$(i=1,2,3,4)$，则由全概率公式，有

$$P(B)=\sum_{n=1}^{4}P(A_n)P(B\mid A_n)$$
$$=\frac{2}{20}\times 0.85+\frac{6}{20}\times 0.64+\frac{9}{20}\times 0.45+\frac{3}{20}\times 0.32$$
$$=0.5275.$$

例 3 用某种方法普查肝癌,设:

$A=\{$用此方法判断被检查者患有肝癌$\}$

$D=\{$被检查者确实患有肝癌$\}$

已知 $P(A\mid D)=0.95,\ P(\bar{A}\mid\bar{D})=0.90$

而且已知 $P(D)=0.0004$

现有一人用此法检验患有肝癌,求此人真正患有肝癌的概率.

解:由已知,得 $P(\bar{A}|\bar{D})=0.90,\ P(\bar{D})=0.9996$

所以,由贝叶斯公式,得

$$P(D|A)=\frac{P(D)P(A|D)}{P(D)P(A|D)+P(\bar{D})P(A|\bar{D})}$$
$$=\frac{0.0004\times 0.95}{0.0004\times 0.95+0.9996\times 0.10}=0.0038.$$

例 4 袋中有 10 个黑球、5 个白球.现掷一枚均匀的骰子,掷出几点就从袋中取出几个球.若已知取出的球全是白球,求掷出 3 点的概率.

解:设:$B=\{$取出的球全是白球$\}$,$A_i=\{$掷出 i 点$\}(i=1,2,3,4,5,6)$,则由贝叶斯公式得

$$P(A_3\mid B)=\frac{P(A_3)P(B\mid A_3)}{\sum_{i=1}^{6}P(A_i)P(B\mid A_i)}=\frac{\frac{1}{6}\times\frac{C_5^3}{C_{15}^3}}{\sum_{i=1}^{5}\frac{1}{6}\times\frac{C_5^i}{C_{15}^i}+\frac{1}{6}\times 0}$$
$$=0.04835.$$

例 5 对以往的数据分析结果表明:当机器调整得良好时,产品的合格率为 90%,而当机器发生某一故障时,其合格率为 30%.每天早上机器开动时,机器调整良好的概率为 75%.已知某天早上第一件产品是合格品,试求机器调整得良好的概率是多少?

解:$B=\{$机器调整得良好$\}$,$\bar{B}=\{$机器发生某一故障$\}$,$A=\{$产品是合格品$\}$

$$P(B\mid A)=\frac{P(A\mid B)P(B)}{P(A\mid B)P(B)+P(A\mid\bar{B})P(\bar{B})}$$
$$=\frac{0.9\times 0.75}{0.9\times 0.75+0.3\times 0.25}=0.9.$$

A类题

1. 填空题

(1)袋中有50个乒乓球,其中20个是黄球,30个是白球.今有两人依次随机地从袋中各取一球,取后不放回,则第二人取到黄球的概率是____________.

(2)某厂产品有70%不需要调试即可出厂,另30%需经过调试,调试后有80%能出厂,则该厂产品能出厂的概率为__________;任取一出厂产品,未经调试的概率为__________.

(3)从1,2,3,4中任取一个数,记为X,再从$1,\cdots,X$中任取一个数,记为Y,则$P\{Y=2\}=$__________________________.

2. 计算下列各题

(1)3个箱子,第一个箱子里有4个黑球1个白球,第二个箱子里有3个黑球3个白球,第三个箱子里有3个黑球5个白球.求:

(a)随机地取一个箱子,再从这个箱子取出一球为白球的概率;

(b)已知取出的一个球为白球,此球属于第二个箱子的概率.

(2)设一仓库中有10箱同种规格的产品,其中由甲、乙、丙三厂生产的分别有5箱、3箱、2箱,三厂产品的废品率依次为0.1,0.2,0.3,从这10箱中任取一箱,再从这箱中任取一件产品,求取得正品的概率.

(3)一学生接连参加同一课程的两次考试,第一次及格的概率为 p,若第一次及格,则第二次及格的概率也为 p;若第一次不及格,则第二次及格的概率为$\frac{p}{2}$.

(a)若至少有一次及格则他能取得某种资格,求他取得该资格的概率;

(b)若已知他第二次及格,求他第一次及格的概率.

(4)已知男人中有 5%的色盲患者,女人中有 0.25%的色盲患者.今从男女人数中随机地挑选一人,恰好是色盲患者,问此人是男性的概率是多少?

(5)已知一批产品中 90%是合格品.检查时,一个合格品被误认为是次品的概率为 0.05,一个次品被误认为是合格品的概率为 0.02.求:

(a)一个产品经检查后被认为是合格品的概率;

(b)一个经检查后被认为是合格品的产品确是合格品的概率.

B类题

1. 12个乒乓球中有9个新的，3个旧的，第一次比赛取出了3个，用完后放回去，第二次比赛又取出3个，求第二次取到的3个球中有2个新球的概率.

2. 将两信息分别编码为 A 和 B 传递出去，接收站收到时，A 被误收作 B 的概率为0.02，而 B 被误收作 A 的概率为0.01，信息 A 与信息 B 传送的频繁程度为2∶1，若接受站收到的信息是 A，问原发信息是 A 的概率是多少？

第六节　事件的独立性

1. 独立性

若 $P(AB)=P(A)P(B)$，称事件 A、B 相互独立.

(1) $P(B)>0$ 时，事件 A、B 相互独立，充分必要条件是 $P(A|B)=P(A)$；

(2) $P(A)>0$ 时，事件 A、B 相互独立，充分必要条件是 $P(B|A)=P(B)$；

(3) 事件 A、B 相互独立与下列三对事件相互独立等价，$\overline{A}$ 与 B；A 与 $\overline{B}$；$\overline{A}$ 与 $\overline{B}$；

2. *n* 重贝努利试验

$P(A)=p$，n 次重复独立试验中 A 发生 k 次的概率为：

$$p_k=C_n^k p^k(1-p)^{n-k},k=0,1,2,\cdots,n.$$

例1　设两个相互独立的事件 A 和 B 都不发生的概率为 $\frac{1}{9}$，A 发生 B 不发生与 B 发生 A 不发生的概率相等，求 $P(A)$.

解:$P(\overline{A}\overline{B})=P(\overline{A\cup B})=\frac{1}{9}\Rightarrow$

$$P(A\cup B)=P(A)+P(B)-P(AB)=P(A)+P(B)-P(A)P(B)=\frac{8}{9}$$

又 $$P(A\overline{B})=P(\overline{A}B)\Rightarrow P(A)-P(AB)=P(B)-P(AB)\Rightarrow P(A)=P(B)$$

可得 $$9P(A)^2-18P(A)+8=0\Rightarrow P(A)=\frac{2}{3}$$

例 2 有 4 门火炮独立的同时向一目标各射击一发炮弹,若有不少于两发炮弹命中目标时,目标就被摧毁.如果每门炮击中目标的概率为 0.6,则目标被摧毁的概率为多少?

解:设 A=“火炮击中目标”,则 $P(A)=0.6$,问题归结为一个四重贝努利试验,所求概率为

$$\sum_{k=2}^{4}p_k=1-p_0-p_1=1-C_4^0(0.6)^0(0.4)^4-C_4^1(0.6)(0.4)^3$$
$$=0.959.$$

例 3 袋中装有 4 个外形相同的球,其中 3 个球分别涂有红、白、黑色,另一个球涂有红、白、黑 3 种颜色.现从袋中任意取出一球,令:

A={取出的球涂有红色}

B={取出的球涂有白色}

C={取出的球涂有黑色}

求证:A,B,C 两两相互独立,但不相互独立.

证明:由 $P(A)=P(B)=P(C)=\frac{1}{2}$, $P(AB)=P(BC)$

$$=P(AC)=\frac{1}{4},\ P(ABC)=\frac{1}{4}$$

则

$$P(AB)=P(A)P(B),\ P(BC)=P(B)P(C),\ P(AC)=P(A)P(C)$$

但是

$$P(ABC)=\frac{1}{4}\neq\frac{1}{8}=P(A)P(B)P(C)$$

这表明,A,B,C 这 3 个事件是两两独立的,但不是相互独立的.

例 4 袋中有 a 个黑球,b 个白球.每次从中取出一球,取后不放回.令:

A={第一次取出白球},

B={第二次取出白球},

求证:A,B 不相互独立.

证明：因为　$P(A)=\dfrac{b}{a+b}$，$P(AB)=\dfrac{b(b-1)}{(a+b)(a+b-1)}$，

$$P(\bar{A}B)=\frac{ab}{(a+b)(a+b-1)}$$

所以，

$$P(B)=P(AB)+P(\bar{A}B)=\frac{b}{a+b}$$

而 $P(B|A)=\dfrac{P(AB)}{P(A)}=\dfrac{\dfrac{b(b-1)}{(a+b)(a+b-1)}}{\dfrac{b}{a+b}}=\dfrac{b-1}{a+b-1}$

因此　　$P(B\mid A)\neq P(B)$

这表明，事件 A 与事件 B 不相互独立. 事实上，由于是不放回取球，因此在第二次取球时，袋中球的总数变化了，并且袋中的黑球与白球的比例也发生变化了，这样，在第二次取出白球的概率自然也应发生变化. 或者说，第一次的取球结果对第二次取球肯定是有影响的.

例 5　设有电路如右图，其中 1，2，3，4 为继电器接点. 设各继电器接点闭合与否相互独立，且每一个继电器接点闭合的概率均为 p. 求 L 至 R 为通路的概率.

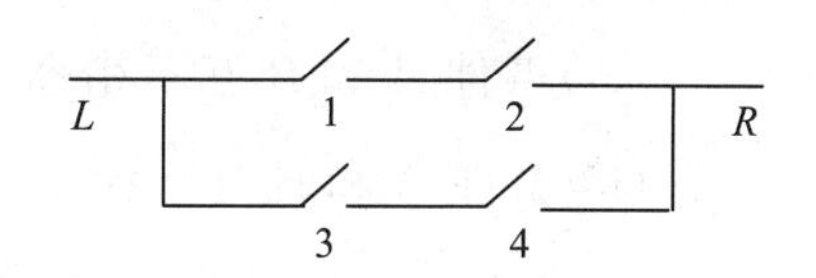

解：设事件 $A_i\,(i=1,2,3,4)$ 为“第 i 个继电器接点闭合”，L 至 R 为通路这一事件可表示为：

由和事件的概率公式及 A_1,A_2,A_3,A_4 的相互独立性，得到

$$\begin{aligned}P(A)&=P(A_1A_2\cup A_3A_4)=P(A_1A_2)+P(A_3A_4)-P(A_1A_2A_3A_4)\\&=P(A_1)P(A_2)+P(A_3)P(A_4)-P(A_1)P(A_2)P(A_3)P(A_4)\\&=p^2+p^2-p^4=2p^2-p^4\end{aligned}$$

A 类题

1. 填空题

(1)设 $P(A)=0.4$，$P(A\cup B)=0.7$，若 AB 相互独立，求 $P(B)$______________.

(2)甲、乙、丙三人入学考试合格的概率分别是 $\dfrac{2}{3},\dfrac{1}{2},\dfrac{2}{5}$，3 人中恰好有 2 人合格的概

率为________.

(3)3 人独立地破译一份密码,已知各人能译出的概率分别为$\frac{1}{5}$,$\frac{1}{3}$,$\frac{1}{4}$,问 3 人中至少有一人能将此密码译出的概率为________.

(4)3 台机器相互独立的运转,设第一、第二、第三台机器不发生故障的概率依次为 0.9,0.8,0.7,求这 3 台机器中至少有一台发生故障的概率为________.

(5)一次试验中事件 A 发生的概率为 p,现进行 n 次独立试验,则 A 至少发生一次的概率为________;A 至多发生一次的概率为________.

2. 选择题

(1)设 A,B,C 是 3 个相互独立的随机事件,且 $0<P(C)<1$,则在下列给定的 4 对事件中不相互独立的是(　　).

(A)$\overline{A+B}$与 C　　(B)$\overline{AC}$与 $\overline{C}$　　(C)$\overline{A-B}$与 $\overline{C}$　　(D)$\overline{AB}$与 $\overline{C}$

(2)设随机事件 A,B 相互独立,则(　　).

(A)$P(A|B)=P(B)$　　(B)$P(A|B)=P(B|A)$

(C)$P(\overline{A}\overline{B})=P(\overline{A})P(\overline{B})$　　(D)$P(AB)=0$

(3)设 $0<P(A)<1,0<P(B)<1,P(A|B)+P(\overline{A}|\overline{B})=1$,则(　　).

(A)事件 A 和 B 互不相容　　(B)事件 A 和 B 互相对立

(C)事件 A 和 B 互不独立　　(D)事件 A 和 B 相互独立

(4)进行一系列独立试验,假设每次试验成功的概率都是 p,求在试验成功 2 次之前已失败了 3 次的概率为(　　).

(A)$3p(1-p)^2$　　(B)$6p(1-p)^2$

(C)$4p^2(1-p)^3$　　(D)$6p^2(1-p)^2$

3. 计算下列各题

(1)某类电灯泡使用时间在 1000h 以上的概率为 0.2,求 3 个灯泡在使用 1000h 后最多只有一个坏的概率.

(2)设随机事件 A,B,C 两两独立,$P(AB)=0$,已知 $P(B)=2P(C)>0$,且 $P(B\cup C)=\frac{5}{8}$,求 $P(A\cup B)$.

(3)某型号的高射炮,每门炮发射一发击中的概率为 0.6,现若干门炮同时发射一发,问欲以 99%的把握击中一架敌机至少需要配置几门炮?

(4)一猎人用猎枪向一只野兔射击,第一枪距离野兔 200m 远,如果未击中,他追到离野兔 150m 远处进行第二次射击.如果仍未击中,他追到离野兔 100m 远处进行第三次射击,此时击中的概率为$\frac{1}{2}$.如果这个猎人射击的命中率与他离野兔的距离的平方成反比,求猎人击中野兔的概率.

(5)掷一枚均匀硬币,直到出现 3 次正面朝上为止,若正好在第 6 次后停止,求第 5 次也正面朝上的概率.

B 类题

设 A,B 是任意二事件,其中 $0<P(A)<1$,证明:$P(B|A)=P(B|\overline{A})$是事件 A 与 B 独立的充分必要条件.

第二章　多维随机变量及其分布

第一节　二维随机变量及其分布　边缘分布

1. 多维随机变量及联合分布函数

如果 $X_1,X_2,\cdots,X_n$ 是样本空间 Ω 上的 n 个随机变量,则由它们组成的有序数组 $X=(X_1,X_2,\cdots,X_n)$称为 n 维随机变量(或 n 维随机向量).

对任意 n 个实数 $x_1,x_2,\cdots,x_n$,则 n 个事件$\{X_1\leqslant x_1\},\{X_2\leqslant x_2\},\cdots,\{X_n\leqslant x_n\}$同时发生的概率 $F(x_1,x_2,\cdots,x_n)=P\{X_1\leqslant x_1,X_2\leqslant x_2,\cdots,X_n\leqslant x_n\}$称为 n 维随机变量 $X=(X_1,X_2,\cdots,X_n)$的联合分布函数(简称分布函数).

2. 随机变量 *X*,*Y* 的联合分布

随机变量 X,Y 的联合分布函数记为 $F(x,y)$,$F(x,y)=P\{X\leqslant x,Y\leqslant y\}$,具有以下性质:

(1)$F(x,y)$关于每个 x 右连续,关于每个 y 也右连续;

(2)固定 x,$F(x,y)$是 y 的单调不减函数,固定 y,$F(x,y)$是 x 的单调不减函数;

$$F(-\infty,-\infty)=\lim_{\substack{x\to-\infty\\y\to-\infty}}F(x,y)=0,F(-\infty,y)=\lim_{x\to-\infty}F(x,y)=0;$$

(3)$0\leqslant F(x,y)\leqslant 1$,

$$F(x,-\infty)=\lim_{y\to-\infty}F(x,y)=0,F(+\infty,+\infty)=\lim_{\substack{x\to+\infty\\y\to+\infty}}F(x,y)=1;$$

(4)$P\{x_1<X\leqslant x_2,y_1<Y\leqslant y_2\}=F(x_2,y_2)-F(x_2,y_1)-F(x_1,y_2)+F(x_1,y_1)$.

3. 二维离散型随机变量

若随机变量(X,Y)是离散型,联合分布律为 $P\{X=x_i,Y=y_j\}=p_{ij},i,j=1,2,\cdots$,具有以下性质:

(1)$p_{ij}\geqslant 0$;　(2) $\sum\limits_i\sum\limits_j p_{ij}=1$.

离散型随机变量(X,Y)的分布函数为

$$F(x,y)=\sum_{x_i\leqslant x}\sum_{y_j\leqslant y}p_{ij}$$

4. 二维连续型随机变量

若二维随机变量(X,Y)是连续型，联合分布函数为 $F(x,y)=\int_{-\infty}^{x}\int_{-\infty}^{y}f(u,v)\mathrm{d}u\mathrm{d}v$，联合概率密度 $f(x,y)$具有以下性质：

(1) $f(x,y)\geqslant 0$；

(2) $\int_{-\infty}^{+\infty}\int_{-\infty}^{+\infty}f(x,y)\mathrm{d}x\mathrm{d}y=1$；

(3)若 $f(x,y)$在点(x,y)连续，则$\dfrac{\partial^2 F}{\partial x\partial y}=f(x,y)$；

(4)对于 xoy 平面内的任一区域G，有

$$P((x,y)\in G)=\iint_{(x,y)\in G}f(x,y)\mathrm{d}x\mathrm{d}y$$

常用的二维连续型随机变量分布有二维均匀分布和二维正态分布.

5. 边缘分布

设随机变量(X,Y)的联合分布函数为 $F(x,y)$，分别称

$$F_X(x)=P\{X\leqslant x\}=F(x,+\infty)$$
$$F_Y(y)=P\{Y\leqslant y\}=F(+\infty,y)$$

为随机变量(X,Y)关于 X 和 Y 的边缘分布函数.

事实上，这里的边缘分布函数就是随机变量各自的分布函数. 由联合分布可唯一确定边缘分布.

(1)若随机变量(X,Y)是离散型，联合分布律为 $P\{X=x_i,Y=y_j\}=p_{ij}$，$i,j=1,2,\cdots$，则(X,Y)的边缘分布律分别为：

$$P\{X=x_i\}=\sum_j p_{ij},P\{Y=y_j\}=\sum_i p_{ij}$$

(2)若随机变量(X,Y)是连续型，联合概率密度为 $f(x,y)$，则(X,Y)的边缘概率密度分别为：

$$f_X(x)=\int_{-\infty}^{+\infty}f(x,y)\mathrm{d}y,\ f_Y(y)=\int_{-\infty}^{+\infty}f(x,y)\mathrm{d}x$$

Y \ X	−1	1
−1	0.25	0.50
1	0	0.25

例 1　已知随机变量 X,Y 的联合分布律见右表，求随机变量 X,Y 的联合分布函数.

解：当 $x<-1$ 或 $y<-1$，$F(x,y)=0$；

当$-1\leqslant x<1$，$-1\leqslant y<1$，$F(x,y)=P(X=-1,Y=-1)=0.25$；

当$-1\leqslant x<1,y\geqslant 1$,$F(x,y)=P(X=-1,Y=-1)+P(X=-1,Y=1)=0.25+0=0.25$;

当$x\geqslant 1,-1\leqslant y<1$,

$$\begin{aligned}F(x,y)&=P(X=-1,Y=-1)+P(X=1,Y=-1)\\&=0.25+0.50=0.75\end{aligned}$$

当$x\geqslant 1,y\geqslant 1,F(x,y)=1$.

故随机变量X,Y的联合分布函数为

$$F(x,y)=\begin{cases}0, & x<-1\text{ 或 }y<-1,\\ 0.25, & -1\leqslant x<1,y\geqslant -1,\\ 0.75, & x\geqslant 1,-1\leqslant y<1,\\ 1, & x\geqslant 1,y\geqslant 1.\end{cases}$$

例 2 已知二维随机变量(X,Y)的概率密度为

$$f(x,y)=\frac{1+xy}{2\pi}e^{-\frac{1}{2}(x^2+y^2)},-\infty<x<+\infty,-\infty<y<+\infty$$

求(X,Y)关于X和Y的边缘概率密度.

解:关于X的边缘概率密度

$$\begin{aligned}f_X(x)&=\int_{-\infty}^{+\infty}f(x,y)\mathrm{d}y=\int_{-\infty}^{+\infty}\frac{1+xy}{2\pi}e^{-\frac{1}{2}(x^2+y^2)}\mathrm{d}y\\&=\frac{1}{2\pi}e^{-\frac{1}{2}x^2}\int_{-\infty}^{+\infty}e^{-\frac{1}{2}y^2}\mathrm{d}y+\frac{x}{2\pi}e^{-\frac{1}{2}x^2}\int_{-\infty}^{+\infty}ye^{-\frac{1}{2}y^2}\mathrm{d}y\\&=\frac{1}{2\pi}e^{-\frac{1}{2}x^2}\sqrt{2\pi}+0=\frac{1}{\sqrt{2\pi}}e^{-\frac{1}{2}x^2}\end{aligned}$$

其中,$-\infty<x<+\infty$.同理,可得关于Y的边缘概率密度

$$f_X(y)=\int_{-\infty}^{+\infty}f(x,y)\mathrm{d}x=\frac{1}{\sqrt{2\pi}}e^{-\frac{1}{2}y^2},-\infty<y<+\infty$$

例 3 某足球队在任何长度为t的时间区间内,得(黄或红)牌的次数$N(t)$服从参数为λt的泊松分布,记X_l为比赛进行t_l分钟后的得牌数,$l=1,2(t_2>t_1)$.试写出X_1,X_2的联合分布.

解:因为$P\{N(t)=k\}=\dfrac{e^{-\lambda t}(\lambda t)^k}{k!}(k=0,1,2,\cdots)$,所以

$$\begin{aligned}&P\{X_1=i,X_2=j\}\\&=P\{X_1=i\}P\{X_2=j\mid X_1=i\}\\&=\frac{e^{-\lambda t_1}(\lambda t_1)^i}{i!}\frac{e^{-\lambda(t_2-t_1)}(\lambda t_2-\lambda t_1)^{j-i}}{(j-i)!}\ (i=0,1,2,\cdots;j=i,i+1,\cdots)\end{aligned}$$

例 4 设随机变量$X_i\sim\begin{bmatrix}-1 & 0 & 1\\ \frac{1}{4} & \frac{1}{2} & \frac{1}{4}\end{bmatrix}$,$(i=1,2)$,且满足$P(X_1X_2=0)=1$,

求 $P(X_1=X_2)$.

解:由 $P(X_1X_2=0)=1$,可得

$$\begin{aligned}P(X_1=-1,X_2=-1)&=P(X_1=-1,X_2=1)\\&=P(X_1=1,X_2=-1)=P(X_1=1,X_2=1)\\&=0\end{aligned}$$

又因为

$$\begin{aligned}P(X_1=0,X_2=-1)&=P(X_2=-1)-\\&\quad P(X_1=-1,X_2=-1)-P(X_1=1,X_2=-1)\\&=\frac{1}{4}-0-0=\frac{1}{4}\end{aligned}$$

$$\begin{aligned}P(X_1=0,X_2=1)&=P(X_2=1)-P(X_1=-1,X_2=1)-\\&\quad P(X_1=1,X_2=1)=\frac{1}{4}-0-0=\frac{1}{4}\end{aligned}$$

则

$$\begin{aligned}P(X_1=0,X_2=0)&=P(X_1=0)-P(X_1=0,X_2=-1)-\\&\quad P(X_1=0,X_2=1)=\frac{1}{2}-\frac{1}{4}-\frac{1}{4}=0\end{aligned}$$

所以

$$\begin{aligned}P(X_1=X_2)&=P(X_1=0,X_2=0)+P(X_1=-1,X_2=-1)\\&\quad+P(X_1=1,X_2=1)=0.\end{aligned}$$

例 5　设二维随机变量 (X,Y) 在边长为 $\sqrt{2}\,\mathrm{cm}$ 的正方形区域内服从均匀分布,该正方形的对角线为坐标轴,试求:

(1) (X,Y) 的联合概率密度;

(2) 关于 X 和 Y 的边缘概率密度;

(3) $P(|X|\leqslant Y)$.

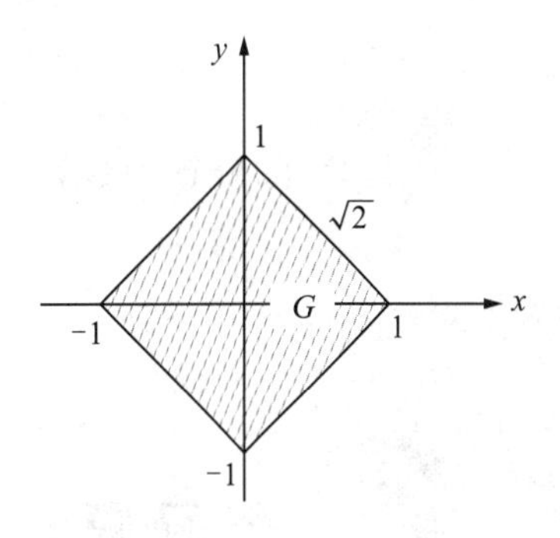

解:(1) 由题意可知 (X,Y) 的联合概率密度为

$$f(x,y)=\begin{cases}\dfrac{1}{2}, & (x,y)\in G\\ 0, & \text{其他}\end{cases}$$

其中,区域 G 如右图所示.

(2)关于 X 的边缘概率密度为

$$f_X(x)=\int_{-\infty}^{+\infty}f(x,y)\mathrm{d}y$$

当 $0<x<1$ 时,$f_X(x)=\displaystyle\int_{x-1}^{1-x}\frac{1}{2}\mathrm{d}y=1-x$;

当 $-1<x<0$ 时,$f_X(x)=\displaystyle\int_{-x-1}^{x+1}\frac{1}{2}\mathrm{d}y=1+x$;

当 $x\leqslant-1$ 或 $x\geqslant1$ 时,$f_X(x)=0$.

因此,关于 X 的边缘概率密度为

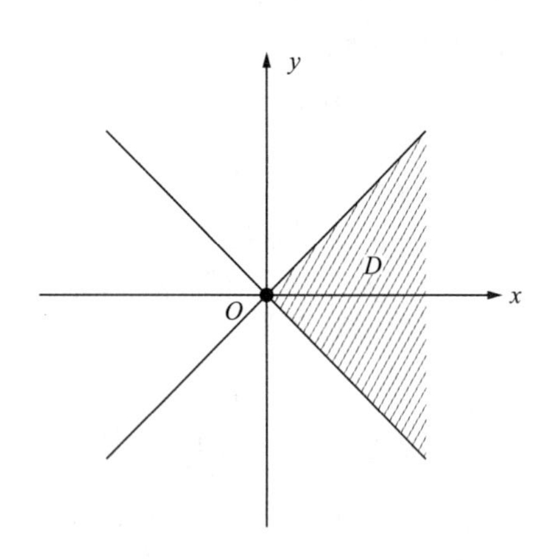

$$f_X(x)=\begin{cases}1-|x|, & |x|<1,\\ 0, & \text{其他}.\end{cases}$$

同理,关于 Y 的边缘概率密度为

$$f_Y(y)=\begin{cases}1-|y|, & |y|<1,\\ 0, & \text{其他}.\end{cases}$$

(3)其中,区域 $D=\{(x,y):-y\leqslant x\leqslant y\}$. 因此

$$\begin{aligned}P(|X|\leqslant Y)&=\iint\limits_{D\cap G}\frac{1}{2}\mathrm{d}x\mathrm{d}y=\frac{1}{2}\iint\limits_{D\cap G}\mathrm{d}x\mathrm{d}y\\&=\frac{1}{2}S_{D\cap G}=\frac{1}{2}\times\frac{1}{2}=\frac{1}{4}\end{aligned}$$

其中,$S_{D\cap G}$表示 $D\cap G$ 的面积.

例 6 假设一设备开机后无故障工作的时间 X 服从指数分布,参数 $\theta=5$,设备定时开机,出现故障时自动关闭,而在无故障的情况下工作两个小时便关机. 试求该设备每次开机无故障工作的时间 Y 的分布函数.

解:由于 X 服从参数 $\theta=5$ 的指数分布,故 X 的分布函数为

$$F(x)=\begin{cases}1-\mathrm{e}^{-0.2x}, & x\geqslant 0,\\ 0, & x<0.\end{cases}$$

由题意可知,随机变量 $Y=\min\{X,2\}$.

当 $y<0$ 时,$F_Y(y)=0$;当 $y\geqslant 2$ 时,$F_Y(y)=1$;当 $0\leqslant y<2$ 时,

$$\begin{aligned}F_Y(y)&=P(Y\leqslant y)=P(\min\{X,2\}\leqslant y)=1-P(\min\{X,2\}>y)\\&=1-P(X>y,2>y)=1-P(X>y)=P(X\leqslant y)\\&=F_X(y)=1-\mathrm{e}^{-0.2y}\end{aligned}$$

于是,Y 的分布函数为

$$F_Y(y)=\begin{cases}0, & y<0,\\ 1-\mathrm{e}^{-0.2y}, & 0\leqslant y<2,\\ 1, & y\geqslant 2.\end{cases}$$

A 类题

1. 填空题

(1)设(X,Y)的分布函数为 $F(x,y)=\begin{cases}1-3^{-x}-3^{-y}+3^{-x-y}, & x\geqslant 0,y\geqslant 0\\ 0, & \text{其他}\end{cases}$,则$(X,Y)$的联合概率密度 $f(x,y)=$____________________.

(2)设随机变量(X,Y)的分布函数为 $F(x,y)=A\left(B+\arctan\frac{x}{2}\right)\left(C+\arctan\frac{y}{3}\right)$,则

$A=$__________________，$B=$__________________，$C=$__________________$(A\neq 0)$.

(3)用(X,Y)的联合分布函数$F(x,y)$表示概率$P(a<X\leqslant b,Y\leqslant c)=$________________________.

(4)设(X,Y)在区域G上服从均匀分布，G为$y=x$及$y=x^2$所围成的区域，(X,Y)的概率密度为________________________.

(5)设(X,Y)联合密度为$f(x,y)=\begin{cases}Ae^{-x-y}, & x>0,y>0,\\ 0, & \text{其他}.\end{cases}$则系数$A=$__________.

(6)设二维随机变量(X,Y)的联合概率密度为$f(x,y)=\begin{cases}4xy, & 0<x<1,0<y<1,\\ 0, & \text{其他}.\end{cases}$

则$P\{X=Y\}=$____________________________.

(7)设二维随机变量(X,Y)的概率密度为$f(x,y)=\begin{cases}cx^2y, & x^2\leqslant y\leqslant 1,\\ 0, & \text{其他}.\end{cases}$则

$c=$____________________________.

2. 选择题

(1)考虑抛掷一枚硬币和一颗骰子，用X表示抛掷硬币出现正面的次数，Y表示抛掷骰子出现的点数，则(X,Y)所有可能取的值为(　　).

(A)12对　　(B)6对　　(C)8对　　(D)4对

(2)设二维随机向量(X,Y)的概率密度为$f(x,y)=\begin{cases}1, & 0\leqslant x\leqslant 1,0\leqslant y\leqslant 1,\\ 0, & \text{其他}.\end{cases}$则概率$P(X<0.5,Y<0.6)$为(　　).

(A)0.5　　(B)0.3　　(C)0.875　　(D)0.4

(3)设$F_1(x)$与$F_2(x)$分别为随机变量X_1和X_2的分布函数，为使$F(x)=aF_1(x)-bF_2(x)$是某一随机变量X的分布函数，在下列给定的各组数值中应取(　　).

(A)$a=\frac{3}{5},b=-\frac{2}{5}$　　(B)$a=\frac{2}{3},b=\frac{2}{3}$

(C)$a=-\frac{1}{2},b=\frac{3}{2}$　　(D)$a=\frac{1}{2},b=-\frac{3}{2}$

(4)如下四个二元函数中哪个可以作为连续型随机变量的联合概率密度函数(　　).

(A) $f(x,y)=\begin{cases}\cos x, & -\frac{\pi}{2}\leqslant x\leqslant\frac{\pi}{2},0\leqslant y\leqslant 1\\ 0, & \text{其他}\end{cases}$

(B) $f(x,y)=\begin{cases}\cos x, & -\frac{\pi}{2}\leqslant x\leqslant\frac{\pi}{2},0\leqslant y\leqslant\frac{1}{2}\\ 0, & \text{其他}\end{cases}$

(C) $f(x,y)=\begin{cases}\cos x, & 0\leqslant x\leqslant\pi,0\leqslant y\leqslant 1\\ 0, & \text{其他}\end{cases}$

(D) $f(x,y)=\begin{cases}\cos x, & 0\leqslant x\leqslant \pi, 0\leqslant y\leqslant \frac{1}{2}\\ 0, & \text{其他}\end{cases}$

3. 计算下列各题

(1)已知随机变量(X,Y)的联合密度为 $f(x,y)=\begin{cases}4xy, & 0\leqslant x\leqslant 1, 0\leqslant y\leqslant 1,\\ 0, & \text{其他}.\end{cases}$

求 X 和 Y 的联合分布函数 $F(x,y)$.

(2)一个箱子装有 12 只开关,其中 2 只是次品,现随机地无放回抽取两次,每次取一只,以 X 和 Y 分别表示第一次和第二次取出的次品数,试写出 X 和 Y 的概率分布律.

B 类题

1. 给定非负函数 $g(x)$,它满足 $\int_0^{+\infty} g(x)dx=1$,又设

$f(x,y)=\begin{cases}\dfrac{2g(\sqrt{x^2+y^2})}{\pi\sqrt{x^2+y^2}}, & 0<x,y<+\infty,\\ 0, & \text{其他}.\end{cases}$ 问 $f(x,y)$是否是随机变量(X,Y)的联合概率密度?说明理由.

2.设随机变量(X,Y)的联合密度为 $f(x,y)=\begin{cases} k(6-x-y), & 0<x<2,2<y<4, \\ 0, & \text{其他}. \end{cases}$

求:(1)系数 k;(2)$P\{X<1,Y<3\}$;(3)$P\{X<1.5\}$;(4)$P\{X+Y\leqslant 4\}$.

3.设随机变量(X,Y)的联合密度为 $f(x,y)=\begin{cases} a(1-\sqrt{x^2+y^2}), & x^2+y^2<1, \\ 0, & \text{其他}. \end{cases}$

求:(1)系数 a;(2)概率 $P(X^2+Y^2\leqslant\frac{1}{4})$.

4.袋中有 1 个红色球,2 个黑色球和 3 个白色球,现有放回地从袋中取两次,每次取一球,以 X,Y,Z 分别表示两次取球所取得的红球、黑球与白球的个数.
求:(1)$P\{X=1|Z=0\}$;(2)二维随机变量(X,Y)的概率分布.

C 类题

设随机变量 X 的概率密度为 $f(x)=\begin{cases} \frac{x^2}{9}, & 0<x<3, \\ 0, & \text{其他}. \end{cases}$ 设随机变量

$Y=\begin{cases} 3, & X\leqslant 1, \\ X, & 1<X<2, \\ 1, & X\geqslant 2. \end{cases}$ 求:(1)Y 的分布函数;(2)概率 $P\{X\leqslant Y\}$.

第二节　随机变量的独立性

1. 条件分布

(1)若随机变量(X,Y)是离散型,联合分布律为$P\{X=x_i,Y=y_j\}=p_{ij},i,j=1,2,\cdots$,则条件分布律分别为

$$P\{Y=y_j \mid X=x_i\}=\frac{P\{X=x_i,Y=y_j\}}{P\{X=x_i\}} \quad (j=1,2,\cdots)$$

$$P\{X=x_i \mid Y=y_j\}=\frac{P\{X=x_i,Y=y_j\}}{P\{Y=y_j\}} \quad (i=1,2,\cdots)$$

(2)若随机变量(X,Y)是连续型,联合概率密度为$f(x,y)$,则在条件$Y=y$下,X的条件分布函数和条件概率密度分别为

$$F_{X|Y}(x \mid y)=\int_{-\infty}^{x}\frac{f(u,y)}{f_Y(y)}\mathrm{d}u, \quad f_{X|Y}(x \mid y)=\frac{f(x,y)}{f_Y(y)}$$

在条件$X=x$下,Y的条件分布函数和条件概率密度分别为

$$F_{Y|X}(y \mid x)=\int_{-\infty}^{y}\frac{f(x,v)}{f_X(x)}\mathrm{d}v$$

$$f_{Y|X}(y \mid x)=\frac{f(x,y)}{f_X(x)}$$

2. 多维随机变量的独立性

设二维随机变量(X,Y)的联合分布函数为$F(x,y)$,X,Y的边缘分布函数为$F_X(x)$,$F_Y(y)$,若对所有的(x,y)有

$$F(x,y)=F_X(x)F_Y(y)$$

则称随机变量X与Y相互独立.

(1)X与Y是离散型随机变量时,若对任意的x_i,y_j,

$$P\{X=x_i,Y=y_j\}=P\{X=x_i\}P\{Y=y_j\},\ i,j=1,2,\cdots$$

则称X与Y相互独立.

(2)X与Y是连续型随机变量时,若对所有的(x,y),

$$f(x,y)=f_X(x)f_Y(y)$$

则称X与Y相互独立.

3. 两种典型的二维连续型随机变量

(1)随机变量(X,Y)在面积为A的区域D上是均匀分布，其联合概率密度为

$$f(x,y)=\begin{cases}\dfrac{1}{A}, & (x,y)\in D,\\ 0, & \text{其他}.\end{cases}$$

(2)若随机变量(X,Y)服从二维联合正态分布$N(\mu_1,\mu_1,\sigma_1^2,\sigma_2^2,\rho)$，则$X$与$Y$分别服从正态分布$N(\mu_1,\sigma_1^2)$，$N(\mu_2,\sigma_2^2)$，并且服从正态分布的随机变量$X$与$Y$独立的充分必要条件是$\rho=0$.

例 1　设某班车起点站上车人数X服从参数为λ的泊松分布，每位乘客在中途下车的概率为$p(0<p<1)$，且乘客中途下车与否相互独立，以Y表示中途下车人数，求：

(1)在发车时有n个乘客的条件下，中途有m个人下车的概率；

(2)二维随机变量(X,Y)的概率分布.

解:(1)$P(Y=m|X=m)=C_n^m p^m(1-p)^{n-m}$，$0\leqslant m\leqslant n$，$n=0,1,2\cdots$

(2)$P(X=n,Y=m)=P(X=n)P(Y=m|X=n)=\dfrac{\lambda^n}{n!}e^{-\lambda}C_n^m p^m(1-p)^{n-m}$，

$0\leqslant m\leqslant n$，$n=0,1,2,\cdots$

例 2　设随机变量X,Y相互独立，且都服从参数$\theta=1$的指数分布，求：

(1)(X,Y)的联合密度；(2)概率$P(X\leqslant 1|Y>0)$.

解:由已知X,Y相互独立，且都服从参数$\lambda=1$的指数分布，则X,Y的概率密度分别为

$$f_X(x)=\begin{cases}e^{-x}, & x>0,\\ 0, & x\leqslant 0.\end{cases}\quad f_Y(y)=\begin{cases}e^{-y} & y>0,\\ 0, & y\leqslant 0.\end{cases}$$

(1)(X,Y)的联合密度 $f(x,y)=f_X(x)f_Y(y)=\begin{cases}e^{-x-y}, & x>0,y>0,\\ 0, & \text{其他}.\end{cases}$

$$(2)\ P(X\leqslant 1\mid Y>0)=\frac{P(X\leqslant 1,Y>0)}{P(Y>0)}=\frac{\int_0^1 dx\int_0^{+\infty}e^{-x-y}dy}{\int_0^{+\infty}e^{-y}dy}$$

$$=\int_0^1 e^{-x}dx=1-e^{-1}$$

例 3　设随机变量X,Y相互独立，概率密度分别为

$$f_X(x)=\begin{cases}1, & 0<x<1,\\ 0, & \text{其他}.\end{cases}\quad f_Y(y)=\begin{cases}e^{-y}, & y>0,\\ 0, & y\leqslant 0.\end{cases}$$

求随机变量$Z=2X+Y$的概率密度.

解:Z的分布函数$F_Z(z)=P(Z\leqslant z)=P(2X+Y\leqslant z)$.

当$z<0$时,$F_Z(z)=0$;

当$0\leqslant z<2$时,$F_Z(z)=\iint\limits_{2x+y\leqslant z} f_X(x)f_Y(y)\mathrm{d}x\mathrm{d}y=\int_0^{z/2}\mathrm{d}x\int_0^{z-2x}\mathrm{e}^{-y}\mathrm{d}y=\frac{1}{2}(z-1+\mathrm{e}^{-z})$;

当$z\geqslant 2$时,$F_Z(z)=\iint\limits_{2x+y\leqslant z} f_X(x)f_Y(y)\mathrm{d}x\mathrm{d}y=\int_0^{1}\mathrm{d}x\int_0^{z-2x}\mathrm{e}^{-y}\mathrm{d}y=1-\frac{1}{2}(\mathrm{e}^2-1)\mathrm{e}^{-z}$.

所以,随机变量$Z=2X+Y$的概率密度为

$$f_Z(z)=\begin{cases}0, & z<0,\\ \frac{1}{2}(1-\mathrm{e}^{-z}), & 0\leqslant z<2,\\ \frac{1}{2}(\mathrm{e}^2-1)\mathrm{e}^{-z}, & z\geqslant 2.\end{cases}$$

例 4 设随机变量(X,Y)的概率密度为

$$f(x,y)=\begin{cases}kx(x-y), & 0\leqslant x\leqslant 2,-x\leqslant y\leqslant x,\\ 0, & \text{其他}.\end{cases}$$

(1)求常数k;(2)求关于(X,Y)的边缘概率密度;(3)问X,Y是否独立?

解:(1)由联合概率密度的性质,可得

$$\int_{-\infty}^{+\infty}\int_{-\infty}^{+\infty}f(x,y)\mathrm{d}x\mathrm{d}y=\int_0^2 kx\,\mathrm{d}x\int_{-x}^{x}(x-y)\mathrm{d}y=1,k=\frac{1}{8}$$

(2)
$$f_X(x)=\int_{-\infty}^{+\infty}f(x,y)\mathrm{d}y=\begin{cases}\frac{x^3}{4}, & 0\leqslant x\leqslant 2,\\ 0, & \text{其他}.\end{cases}$$

$$f_Y(y)=\int_{-\infty}^{+\infty}f(x,y)\mathrm{d}x=\begin{cases}\frac{1}{3}-\frac{1}{4}y+\frac{5}{48}y^3, & -2\leqslant y\leqslant 0,\\ \frac{1}{3}-\frac{1}{4}y+\frac{1}{48}y^3, & 0<y\leqslant 2,\\ 0, & \text{其他}.\end{cases}$$

(3)因为$f(x,y)\neq f_X(x)f_Y(y)$,所以随机变量X与Y不独立.

例 5 设随机变量X在区间$(0,1)$上服从均匀分布,在$X=x(0<x<1)$的条件下,随机变量Y在区间$(0,x)$上服从均匀分布.求:(1)随机变量X,Y的联合概率密度;(2)Y的概率密度;(3)求概率$P(X+Y>1)$.

解:(1)X的概率密度为 $f_X(x)=\begin{cases}1, & 0<x<1,\\ 0, & \text{其他}.\end{cases}$

在$X=x(0<x<1)$的条件下,随机变量Y的条件密度为

$$f_{Y|X}(y\mid x)=\begin{cases}\frac{1}{x}, & 0<y<x,\\ 0, & \text{其他}.\end{cases}$$

在$0<y<x<1$时,随机变量X,Y的联合概率密度为

$$f(x,y)=f_X(x)f_{Y|X}(y\mid x)=\frac{1}{x}$$

在其他点(x,y)处，都有$f(x,y)=0$.

(2)Y的概率密度为

$$f_Y(y)=\int_{-\infty}^{+\infty}f(x,y)\mathrm{d}x=\begin{cases}\int_y^1\frac{1}{x}\mathrm{d}x=-\ln y, & 0<y<1,\\ 0, & \text{其他}.\end{cases}$$

(3) $P(X+Y>1)=\iint\limits_{x+y>1}f(x,y)\mathrm{d}x\mathrm{d}y=\int_{\frac{1}{2}}^1\mathrm{d}x\int_{1-x}^x\frac{1}{x}\mathrm{d}y=\int_{\frac{1}{2}}^1(2-\frac{1}{x})\mathrm{d}x=1-\ln 2.$

例6　设X,Y是相互独立的随机变量，在区间$(0,b)$上都服从均匀分布，试求方程$t^2+Xt+Y=0$有实根的概率p.

解：X,Y的概率密度函数分别为

$$f_X(x)=\begin{cases}\frac{1}{b}, & 0<x<b,\\ 0, & \text{其他}.\end{cases}\qquad f_Y(y)=\begin{cases}\frac{1}{b}, & 0<y<b,\\ 0, & \text{其他}.\end{cases}$$

由于X,Y相互独立，则X,Y的联合密度函数为

$$f(x,y)=f_X(x)f_Y(y)=\begin{cases}\frac{1}{b^2}, & 0<x<b,0<y<b,\\ 0, & \text{其他}.\end{cases}$$

方程$t^2+Xt+Y=0$有实根当且仅当$X^2-4Y\geqslant 0$，故所求概率

$$p=P\{X^2-4Y\geqslant 0\}=\iint\limits_{x^2-4y\geqslant 0}f(x,y)\mathrm{d}x\mathrm{d}y$$

当$0\leqslant b\leqslant 4$时，$p=\int_0^b\mathrm{d}x\int_0^{\frac{x^2}{4}}\frac{1}{b^2}\mathrm{d}y=\frac{b}{12}$；

当$b>4$时，$p=\int_0^b\mathrm{d}y\int_{2\sqrt{y}}^b\frac{1}{b^2}\mathrm{d}x=1-\frac{4}{3\sqrt{b}}$.

A类题

1. 填空题

(1)设平面区域D由曲线$y=\frac{1}{x}$及直线$y=0,x=1,x=e^2$所围成．(X,Y)在D上均匀分布，则(X,Y)关于X的边缘密度在$x=2$处的值为____________________.

(2)(X,Y)的分布律见右表，

Y \ X	1	2	3
1	$\frac{1}{6}$	$\frac{1}{9}$	$\frac{1}{18}$
2	$\frac{1}{3}$	α	β

α,β应满足条件是________，若 X 与 Y 相互独立则 $\alpha=$______，$\beta=$______.

(3)设随机变量 X 和 Y 相互独立，且 X 在区间 $(0,2)$上服从均匀分布，Y 服从参数为 1 的指数分布，则 $P\{X+Y>1\}=$________.

(4)设 $X_1,X_2,\cdots,X_n$ 独立同分布，都服从 $N(\mu,\sigma^2)$，则 $X_1,X_2,\cdots,X_n$ 的联合概率密度函数为________.

(5)设随机变量 X 与 Y 相互独立，$X\sim B(2,p)$，$Y\sim B(3,p)$，且 $P(X\geqslant1)=\frac{5}{9}$，则 $P(Y\geqslant2)=$______，$P(X+Y=1)=$______.

(6)二维离散型随机变量相互独立的充分必要条件是________.

2. 选择题

设两随机变量 X 和 Y 独立同分布，$P(X=-1)=P(Y=-1)=\frac{1}{2}$，$P(X=1)=\frac{1}{2}$，$P(Y=1)=\frac{1}{2}$，则下列各式成立的是(　　).

(A) $P(X=Y)=\frac{1}{2}$　　　　(B) $P(X=Y)=1$

(C) $P(X+Y=0)=\frac{1}{4}$　　　　(D) $P(XY=1)=\frac{1}{4}$

3. 计算下列各题

(1)设随机变量 X 在 1,2,3,4 四个整数中等可能取值，另一个随机变量 Y 在 1 至 X 中等可能取一个整数值，求：(a) (X,Y)的联合分布律；(b) X,Y 的边缘分布律.

(2)设二维随机变量(X,Y)的概率密度为 $f(x,y)=\dfrac{6}{\pi^2(4+x^2)(9+y^2)}$，$-\infty<x<+\infty$，$-\infty<y<+\infty$. 求:(a) X 和 Y 的边缘概率密度;(b) 问 X 与 Y 是否独立?

(3)设二维随机变量(X,Y)的概率密度为

$$f(x,y)=\begin{cases}x^2+\dfrac{1}{3}xy, & 0\leqslant x\leqslant 1, 0\leqslant y\leqslant 2,\\ 0, & \text{其他}.\end{cases}$$

求:(a)关于 X 和关于 Y 的边缘密度函数,并判断 X 与 Y 是否相互独立?

(b)$P(X+Y\geqslant 1)$.

(4)设二维随机变量(X,Y)的概率密度为 $f(x,y)=\begin{cases}Ae^{-y}, & 0<x<y,\\ 0, & \text{其他}.\end{cases}$ 求:(a)常数 A;(b)随机变量 X,Y 的边缘密度;(c)概率 $P(X+Y\leqslant 1)$.

B类题

1. 选择题

(1)设二维随机变量(X,Y)的联合分布见右表,并且已知事件$\{X=0\}$与$\{X+Y=1\}$相互独立,则 a,b 的值是(　　).

Y \ X	0	1
0	0.25	b
1	a	0.25

(A) $a=\dfrac{1}{6}$, $b=\dfrac{1}{3}$　　(B) $a=\dfrac{3}{8}$,$b=\dfrac{1}{8}$

(C) $a=\dfrac{1}{4}$,$b=\dfrac{1}{4}$　　(D) $a=\dfrac{1}{5}$,$b=\dfrac{3}{10}$

(2)设二维随机变量(X,Y)的联合概率密度为 $f(x,y)=\begin{cases}1/\pi, & x^2+y^2\leqslant 1,\\ 0, & \text{其他}.\end{cases}$

则(X,Y)满足(　　).

(A)独立同分布　　(B)独立不同分布

(C)不独立同分布　　(D)不独立也不同分布

2. 计算下列各题

(1)雷达的圆形屏幕的半径为R,设目标出现点(X,Y)在屏幕上均匀分布,(a)求X,Y的边缘概率密度;(b)问X,Y是否独立?

(2)设X与Y为两个相互独立的随机变量,X在区间$(0,1)$上服从均匀分布,Y的概率密度为

$$f_Y(y)=\begin{cases}\dfrac{1}{2}e^{-\frac{y}{2}}, & y>0,\\ 0, & y\leqslant 0.\end{cases}$$

求:(a)X与Y的联合概率密度;

(b)设含有a的二次方程为$a^2+2Xa+Y=0$,试求a有实根的概率.

(3)设随机变量(X,Y)具有分布函数

$$F(x,y)=\begin{cases}(1-e^{-ax})y, & x\geqslant 0, 0\leqslant y\leqslant 1,\\ 1-e^{-ax}, & x\geqslant 0, y>1, a>0,\\ 0, & \text{其他}.\end{cases}$$

证明:X与Y相互独立.

C类题

设(X,Y)是二维随机变量，X的边缘概率密度为$f_X(x)=\begin{cases}3x^2, & 0<x<1,\\ 0, & 其他.\end{cases}$在给定$X=x(0<x<1)$的条件下$Y$的条件概率密度为$f_{Y|X}(y\mid x)=\begin{cases}\dfrac{3y^2}{x^3}, & 0<y<x,\\ 0, & 其他.\end{cases}$

求：(1) (X,Y)的概率密度$f(x,y)$；

(2) Y的边缘概率密度$f_Y(y)$；

(3) 概率$P\{X>2Y\}$.

第三节　两个随机变量函数的分布

1. 二维随机变量函数的分布

已知随机变量(X,Y)的联合分布，$Z=g(X,Y)$是(X,Y)连续函数，$Z=g(X,Y)$的分布称为随机变量(X,Y)函数的分布.

2. 几种重要的二维随机变量函数的分布

(1)离散型随机变量情形$Z=X+Y$的分布

若X与Y是离散型随机变量，一般可用列举法求出$Z=g(X,Y)$的分布律. 特别对于$Z=X+Y$，若X与Y相互独立，并且已知X与Y的边缘分布律，则$Z=X+Y$的分布律为

$$P\{Z=z\}=\sum_i P\{X=x_i\}P\{Y=z-x_i\}$$

或

$$P\{Z=z\}=\sum_j P\{X=z-y_j\}P\{Y=y_j\}$$

通常称之为离散型的卷积公式.

(2)连续型随机变量情形$Z=X+Y$的分布

若X与Y是连续型随机变量，对于一般函数$Z=g(X,Y)$，若已知(X,Y)的联合概率

密度 $f(x,y)$,可用积分法先求出 Z 的分布函数,进而再求 Z 的概率密度. 即

$$F_Z(z)=P(Z\leqslant z)=P\{g(X,Y)\leqslant z\}=\iint_D f(x,y)\mathrm{d}x\mathrm{d}y$$

其中 D 为$\{(x,y):g(x,y)\leqslant z\}$,且有 $f_Z(z)=F_Z'(z)$.

特别对于随机变量 $Z=X+Y$,Z 的概率密度

$$f_Z(z)=\int_{-\infty}^{+\infty}f(x,z-x)\mathrm{d}x \text{ 或 } f_Z(z)=\int_{-\infty}^{+\infty}f(z-y,y)\mathrm{d}y$$

若 X 与 Y 相互独立,则 Z 的概率密度

$$f_Z(z)=\int_{-\infty}^{+\infty}f_X(x)f_Y(z-x)\mathrm{d}x \text{ 或 } f_Z(z)=\int_{-\infty}^{+\infty}f_X(z-y)f_Y(y)\mathrm{d}y$$

通常称之为连续型的卷积公式.

(3) $Z=\max\{X,Y\}$,当 X 与 Y 相互独立,随机变量 Z 的分布函数

$$F_Z(z)=F_X(z)F_Y(z)$$

(4) $W=\min\{X,Y\}$,当 X 与 Y 相互独立,随机变量 W 的分布函数

$$F_W(w)=1-[1-F_X(w)][1-F_Y(w)]$$

以上结果可以推广到多维随机变量的情形,设 $X_1,X_2,\cdots,X_n(n\geqslant 2)$是 n 个独立的随机变量,$F_{X_1}(x_1),F_{X_2}(x_2),\cdots,F_{X_2}(x_2)$是其分布函数,则随机变量 $Z=\max\{X_1,X_2,\cdots,X_n\}$的分布函数为

$$F_Z(z)=F_{X_1}(z)F_{X_2}(z)\cdots F_{X_n}(z)$$

随机变量 $W=\min\{X_1,X_2,\cdots,X_n\}$的分布函数为

$$F_W(w)=1-[1-F_{X_1}(w)][1-F_{X_2}(w)]\cdots[1-F_{X_n}(w)].$$

典型例题

例 1 设两个相互独立的随机变量 X,Y 的分布律分别为

$$X\sim\begin{bmatrix}1 & 3\\0.3 & 0.7\end{bmatrix}\qquad Y\sim\begin{bmatrix}2 & 4\\0.6 & 0.4\end{bmatrix}$$

求:(1)$Z=X+Y$ 的分布律.

(2)$W=X-Y$ 的分布律.

解:由于随机变量 X,Y 相互独立,可得下表:

(x,y)	(1,2)	(1,4)	(3,2)	(3,4)
$P(X=x,Y=y)$	0.18	0.12	0.42	0.28
$X+Y$	3	5	5	7
$X-Y$	−1	−3	1	−1

所以 $Z=X+Y$ 和 $W=X-Y$ 的分布律分别如下：

$X+Y$	3	5	7
P	0.18	0.54	0.28

$X-Y$	-3	-1	1
P	0.12	0.46	0.42

例 2　设随机变量 X,Y 的联合分布是正方形 $G=\{(x,y):1\leqslant x\leqslant 3,1\leqslant y\leqslant 3\}$ 上的均匀分布，试求随机变量 $U=|X-Y|$ 的概率密度 $p(u)$.

解：由条件可得 X,Y 的联合密度为

$$f(x,y)=\begin{cases}\dfrac{1}{4}, & (x,y)\in G,\\ 0, & \text{其他}.\end{cases}$$

则 $U=|X-Y|$ 的分布函数为

$$F_U(u)=P(U\leqslant u)=P(|X-Y|\leqslant u)=\iint\limits_{|x-y|\leqslant u}f(x,y)\mathrm{d}x\mathrm{d}y$$

$$=\begin{cases}0, & u\leqslant 0,\\ \displaystyle\iint\limits_{|x-y|\leqslant u}\frac{1}{4}\mathrm{d}x\mathrm{d}y=\frac{1}{4}[4-(2-u)^2]=1-\frac{1}{4}(2-u)^2, & 0<u<2,\\ 1, & u\geqslant 2.\end{cases}$$

于是，随机变量 $U=|X-Y|$ 的概率密度为

$$p(u)=\begin{cases}\dfrac{1}{2}(2-u), & 0<u<2,\\ 0, & \text{其他}.\end{cases}$$

例 3　设随机变量 X,Y 相互独立，其中 X 的概率分布为 $X\sim\begin{bmatrix}1 & 2\\ 0.3 & 0.7\end{bmatrix}$，$Y$ 的概率密度为 $f(y)$，求随机变量 $U=X+Y$ 的概率密度 $g(u)$.

解：设 Y 的分布函数为 $F_Y(y)$，则由全概率公式可知 $U=X+Y$ 的分布函数为

$$\begin{aligned}G_U(u)&=P(X+Y\leqslant u)=P(X=1)P(X+Y\leqslant u\mid X=1)\\&\quad+P(X=2)P(X+Y\leqslant u\mid X=2)\\&=0.3P(Y\leqslant u-1\mid X=1)+0.7P(Y\leqslant u-2\mid X=2)\end{aligned}$$

由于 X,Y 相互独立，可知

$$\begin{aligned}G_U(u)&=0.3P(Y\leqslant u-1)+0.7P(Y\leqslant u-2)\\&=0.3F_Y(u-1)+0.7F_Y(u-2)\end{aligned}$$

于是，$U=X+Y$ 的概率密度

$$\begin{aligned}g(u)&=0.3F_Y'(u-1)+0.7F_Y'(u-2)\\&=0.3f(u-1)+0.7f(u-2)\end{aligned}$$

例 4　设随机变量 X,Y 相互独立，其中 $X\sim N(\mu,\sigma^2)$，Y 在 $[-\pi,\pi]$ 服从均匀分布，求随机变量 $Z=X+Y$ 的概率密度(用标准正态分布函数 $\Phi(x)$ 表示).

解:由于 $X\sim N(\mu,\sigma^2)$,可知 X 的概率密度为

$$f_X(x)=\frac{1}{\sqrt{2\pi}\sigma}e^{-\frac{(x-\mu)^2}{2\sigma}},-\infty<x<+\infty$$

Y 在 $[-\pi,\pi]$ 服从均匀分布,则 $f_Y(y)=\begin{cases}\frac{1}{2\pi}, & -\pi\leqslant y\leqslant\pi,\\ 0, & \text{其他}.\end{cases}$ 又 X,Y 相互独立,则

$$f_Z(z)=\int_{-\infty}^{+\infty}f(z-y,y)dy=\int_{-\infty}^{+\infty}f_X(z-y)f_Y(y)dy$$

$$=\int_{-\pi}^{\pi}\frac{1}{\sqrt{2\pi}\sigma}e^{-\frac{(z-y-\mu)^2}{2\sigma^2}}\frac{1}{2\pi}dy$$

令 $t=\frac{z-y-u}{\sigma}$,则 $=\frac{1}{2\pi}\int_{\frac{z-\pi-u}{\sigma}}^{\frac{z+\pi-u}{\sigma}}\frac{1}{\sqrt{2\pi}}e^{-t^2/2}dt=\frac{1}{2\pi}[\Phi(\frac{z+\pi-u}{\sigma})-\Phi(\frac{z-\pi-u}{\sigma})]$.

A 类题

1. 填空题

(1)设 X 与 Y 独立同分布,且 X 的分布律为 $P(X=0)=0.5,P(X=1)=0.5$,则随机变量 $Z=\max\{X,Y\}$ 的分布律为____________________.

(2)设 X 与 Y 两随机变量,且 $P(X\geqslant0,Y\geqslant0)=\frac{3}{7},P(X\geqslant0)=\frac{4}{7},P(Y\geqslant0)=\frac{4}{7}$,则 $P(\max\{X,Y\}\geqslant0)=$____________________.

(3)设随机变量 X 与 Y 相互独立,且均服从区间 $(0,3)$ 上的均匀分布,则 $P(\max\{X,Y\}\leqslant1)=$____________________.

(4)若 $X\sim N(\mu_1,\sigma_1^2),Y\sim N(\mu_2,\sigma_2^2)$,又 X 与 Y 相互独立,则随机变量 k_1X-k_2Y 服从的分布为____________________.

2. 选择题

(1)设随机变量 X 与 Y 相互独立,且分别服从 $N(0,1)$ 和 $N(1,1)$,则(　　).

(A) $P(X+Y\leqslant0)=\frac{1}{2}$　　(B) $P(X+Y\leqslant1)=\frac{1}{2}$

(C) $P(X+Y\geqslant0)=\frac{1}{2}$　　(D) $P(X-Y\leqslant1)=\frac{1}{2}$

(2)设 $f_1(x)$ 为标准正态分布的概率密度,$f_2(x)$ 为 $(-1,3)$ 上均匀分布的概率密度,若 $f(x)=\begin{cases}af_1(x) & x\leqslant0\\ bf_2(x) & x>0\end{cases}$ $(a>0,b>0)$ 是概率密度,则 a,b 应满足(　　).

(A) $2a+3b=4$　　(B) $3a+2b=4$　　(C) $a+b=1$　　(D) $a+b=2$

(3)设 X 与 Y 相互独立，且都服从区间 $(0,1)$ 上的均匀分布，则下列 4 个随机变量中服从区间或区域上的均匀分布的是(　　).

(A) (X,Y)　　(B) $X+Y$　　(C) X^2　　(D) $X-Y$

(4)设 X 与 Y 是相互独立的随机变量，其分布函数分别为 $F_X(x)$，$F_Y(y)$，则 $Z=\min\{X,Y\}$ 的分布函数为(　　).

(A) $F_Z(z)=F_X(z)$　　(B) $F_Z(z)=\min\{F_X(z),F_Y(z)\}$

(C) $F_Z(z)=F_Y(z)$　　(D) $F_Z(z)=1-[1-F_X(z)][1-F_Y(z)]$

3. 计算下列各题

(1)设随机变量 (X,Y) 的联合概率密度 $f(x,y)=\begin{cases}3x, & 0<x<1,0<y<x,\\ 0 & \text{其他}.\end{cases}$

求：$Z=X-Y$ 的概率密度.

(2)设二维变量 (X,Y) 的概率密度为 $f(x,y)=\begin{cases}2-x-y, & 0<x<1,0<y<1,\\ 0, & \text{其他}.\end{cases}$

求：(a) $P\{X>2Y\}$；(b) $Z=X+Y$ 的概率密度.

B 类题

1. 选择题

(1)设随机变量 X 服从指数分布，则随机变量 $Y=\min\{X,2\}$ 的分布函数为(　　).

(A)连续函数　　(B)至少有两个间断点　　(C)阶梯函数　　(D)恰有一个间断点

(2)设随机变量 X 与 Y 相互独立，且 X 服从标准正态分布 $N(0,1)$，Y 的概率分布为 $P\{Y=0\}=P\{Y=1\}=\dfrac{1}{2}$，记 $F_Z(z)$ 为随机变量 $Z=XY$ 的分布函数，则函数 $F_Z(z)$ 的间断点个数为(　　).

(A) 0　　(B) 1　　(C) 2　　(D) 3

(3)设二维随机变量(X,Y)服从二维正态分布$N(0,-1;1,2^2;0)$,则下列结论中不正确的是(　　).

(A) X与Y相互独立　　(B) $aX+bY$服从正态分布

(C) $P\{X-Y<1\}=\frac{1}{2}$　　(D) $P\{X+Y<1\}=\frac{1}{2}$

2. 计算下列各题

(1)设X,Y相互独立,且$X\sim N(\mu_1,\sigma_1^2)$,$Y\sim N(\mu_2,\sigma_2^2)$,求$|X-Y|$的概率密度.

(2)已知随机变量(X,Y)服从二维正态分布,其联合密度为$f(x,y)=\frac{1}{2\pi}e^{-\frac{1}{2}(x^2+y^2)}$,$-\infty<x<+\infty$,$-\infty<y<+\infty$,求随机变量$Z=\frac{1}{3}(X^2+Y^2)$的概率密度函数.

(3)已知随机变量X与Y相互独立,且都服从$(0,a)$区间上的均匀分布,求$Z=\frac{X}{Y}$的概率密度函数.

(4)假设电路装有三个同种电器元件,其状况相互独立,且无故障工作时间都服从指数分布,且概率密度函数都为

$$f(t)=\begin{cases}\theta e^{-\theta t}, & t>0,\\ 0, & t\leqslant 0.\end{cases}$$

当三个元件都无故障时,电路正常工作,否则整个电路不正常工作. 试求电路正常工作时间 T 的概率分布.

C 类题

设随机变量 X 与 Y 相互独立,X 的概率分布为 $P\{X=i\}=\frac{1}{3}$,$(i=-1,0,1)$,Y 的概率密度为 $f_Y(y)=\begin{cases}1, & 0\leqslant y\leqslant 1,\\ 0, & \text{其他}.\end{cases}$ 设 $Z=X+Y$,

求:(1)$P\left\{Z\leqslant\frac{1}{2}\middle| X=0\right\}$;(2)$Z$ 的概率密度.

第三章　大数定律与中心极限定理

1. 切比雪夫不等式

设随机变量 X 具有数学期望 $E(X)$ 和方差 $D(X)$，则对任意的正数 ε，有

$$P\{|X-E(X)|\geqslant\varepsilon\}\leqslant\frac{D(X)}{\varepsilon^2}$$

或

$$P\{|X-E(X)|<\varepsilon\}\geqslant 1-\frac{D(X)}{\varepsilon^2}$$

由以上的切比雪夫不等式可知，方差越小，随机变量越集中在期望附近，所以方差描述了随机变量取值的分散程度. 切比雪夫不等式是一个概率估计式，只需要知道随机变量的期望和方差两个数字特征，使用方便，是切比雪夫大数定理的理论基础.

2. 切比雪夫大数定律

设 $X_1,X_2,\cdots,X_n$ 是独立同分布的随机变量序列，且

$$E(X_i)=\mu, D(X_i)=\sigma^2\quad(i=1,2,\cdots)$$

则对 $\forall\varepsilon>0$，有

$$\lim_{n\to\infty}P\left\{\left|\frac{1}{n}\sum_{i=1}^{n}X_i-\mu\right|<\varepsilon\right\}=1$$

切比雪夫大数定律揭示了一组独立同分布的随机变量序列的样本均值 $\frac{1}{n}\sum_{i=1}^{n}X_i$ 依概率收敛于期望，提供了以样本均值代替期望的理论依据.

3. 伯努利大数定律

设 $X_i=\begin{cases}1, & \text{当第 } i \text{ 次 } A \text{ 发生},\\ 0, & \text{当第 } i \text{ 次 } A \text{ 不发生},\end{cases}$ $i=1,2,\cdots$. $P(A)=p$，则 $E(X_i)=p$，n 次重复试验中事件 A 发生的次数 $n_A\sim B(n,p)$，$n_A=X_1+X_2+\cdots+X_n$，且对 $\forall\varepsilon>0$，有

$$\lim_{n\to\infty}P\left\{\left|\frac{n_A}{n}-p\right|<\varepsilon\right\}=1$$

伯努利大数定律揭示了随机事件的频率收敛于该事件的概率(依概率收敛)，从理论上肯定了用随机事件的频率代替概率的合理性.

4. 林德贝格-列维定理(独立同分布的中心极限定理)

设 $X_1,X_2,\cdots,X_n$ 是独立同分布的随机变量序列,且

$$E(X_i)=\mu,D(X_i)=\sigma^2 \quad (i=1,2,\cdots)$$

则对任意实数 x,有

$$\lim_{n\to\infty}P\left\{\frac{\sum_{i=1}^{n}X_i-n\mu}{\sqrt{n}\sigma}\leqslant x\right\}=\int_{-\infty}^{x}\frac{1}{\sqrt{2\pi}}e^{-t^2/2}dt=\Phi(x)$$

独立同分布的中心极限定理表明:无论独立同分布的随机变量序列 $X_1,X_2,\cdots,X_n$ 服从何种分布,只要期望和方差有限,将这 n 个随机变量总和进行标准化后所构成的随机变量的分布总是以标准正态分布为极限.

5. 棣莫弗-拉普拉斯定理

设随机变量 $Y_n(n=1,2,\cdots)$是服从参数为 $n,p(0<p<1)$的二项分布,则对任意实数 x,有

$$\lim_{n\to\infty}P\left\{\frac{Y_n-np}{\sqrt{npq}}\leqslant x\right\}=\int_{-\infty}^{x}\frac{1}{\sqrt{2\pi}}e^{-t^2/2}dt=\Phi(x)$$

例 1 设 $X_1,X_2,\cdots,X_n$ 独立且都服从参数为$\frac{1}{2}$的指数分布,证明:当 $n\to\infty$时,$Y_n=\frac{1}{n}\sum_{i=1}^{n}X_i^2$ 依概率收敛于$\frac{1}{2}$.

证: $Y_n=\frac{1}{n}\sum_{i=1}^{n}X_i^2$ 为随机变量 $Y=X^2$ 的样本均值,而

$$E(X^2)=D(X)+E^2(X)=\frac{1}{4}+\left(\frac{1}{2}\right)^2=\frac{1}{2}$$

由切比雪夫大数定律可得,对 $\forall\varepsilon>0$,有

$$\lim_{n\to\infty}P\left\{\left|\frac{1}{n}\sum_{i=1}^{n}X_i^2-E(X^2)\right|<\varepsilon\right\}=1$$

故当 $n\to\infty$时,$Y_n=\frac{1}{n}\sum_{i=1}^{n}X_i^2$ 依概率收敛于 $E(X^2)$,即依概率收敛于$\frac{1}{2}$.

例 2 设 $X_n(n=1,2,\cdots)$独立,且

$$P(X_n=\pm\sqrt{n+1})=\frac{1}{1+n},P(X_n=0)=1-\frac{2}{1+n}$$

证明:对 $\forall\varepsilon>0$,有

$$\lim_{n\to\infty}P\left\{\left|\frac{1}{n}\sum_{i=1}^{n}X_i\right|<\varepsilon\right\}=1$$

证:$E(X_n)=0,D(X_n)=2,E(\frac{1}{n}\sum_{i=1}^{n}X_i)=0,D(\frac{1}{n}\sum_{i=1}^{n}X_i)=\frac{2}{n}$,由切比雪夫不等式可得,对$\forall\varepsilon>0$,有

$$1-\frac{2}{n\varepsilon^2}\leqslant P\left\{\left|\frac{1}{n}\sum_{i=1}^{n}X_i\right|<\varepsilon\right\}\leqslant 1$$

令$n\to\infty$,可得$\lim\limits_{n\to\infty}P\left\{\left|\frac{1}{n}\sum_{i=1}^{n}X_i\right|<\varepsilon\right\}=1$.

例 3 设$X_1,X_2,\cdots,X_n$独立且都服从指数为λ的泊松分布,证明:对任意实数x,有

$$\lim_{n\to\infty}P\left\{\frac{\sum_{i=1}^{n}X_i-n\lambda}{\sqrt{n\lambda}}\leqslant x\right\}=\Phi(x)$$

证:由于$X_1,X_2,\cdots,X_n$独立且都服从指数为λ的泊松分布,则

$$E(X_i)=\lambda,D(X_i)=\lambda\quad(i=1,2,\cdots)$$

则$E(\sum_{i=1}^{n}X_i)=n\lambda,D(\sum_{i=1}^{n}X_i)=n\lambda$,由独立同分布的中心极限定理,对任意实数$x$,有

$$\lim_{n\to\infty}P\left\{\frac{\sum_{i=1}^{n}X_i-nE(X_i)}{\sqrt{n}\ \sqrt{D(X_i)}}\leqslant x\right\}=\lim_{n\to\infty}P\left\{\frac{\sum_{i=1}^{n}X_i-n\lambda}{\sqrt{n\lambda}}\leqslant x\right\}=\Phi(x)$$

例 4 设随机变量$X_1,X_2,\cdots,X_n$独立同分布,且$E(X^k)=\alpha_k(k=1,2,3,4)$.证明:当$n$充分大时,随机变量$Z_n=\frac{1}{n}\sum_{i=1}^{n}X_i^2$近似服从正态分布,并指出其分布的参数.

解:由于随机变量$X_1,X_2,\cdots,X_n$独立同分布,则$X_1^2,X_2^2,\cdots,X_n^2$也独立同分布.且

$$E(X_i^2)=\alpha_2,D(X_i^2)=E(X_i^2)^2-E^2(X_i^2)$$
$$=E(X_i^4)-E^2(X_i^2)=\alpha_4-\alpha_2^2,$$

故 $$E(Z_n)=\alpha_2,D(Z_n)=\frac{1}{n}(\alpha_4-\alpha_2^2)$$

由独立同分布的中心极限定理,$U_n=\dfrac{Z_n-\alpha_2}{\sqrt{\frac{1}{n}(\alpha_4-\alpha_2^2)}}$的极限分布是标准正态分布.当$n$充分大时,随机变量$Z_n=\frac{1}{n}\sum_{i=1}^{n}X_i^2$近似服从正态分布$N(\alpha_2,\frac{1}{n}(\alpha_4-\alpha_2^2))$.

例 5 设X与Y是两个随机变量,已知$E(X)=-3,E(Y)=3,D(X)=1,D(Y)=4$,$\rho(X,Y)=-0.5$.利用切比雪夫不等式证明$P(|X+Y|\geqslant 9)\leqslant\frac{1}{27}$.

证:由于$E(X+Y)=E(X)+E(Y)=-3+3=0$,

$$D(X+Y)=D(X)+D(Y)+2\rho_{XY}\sqrt{D(X)}\ \sqrt{D(Y)}$$
$$=1+4+2\times(-0.5)\times1\times2=3$$

由切比雪夫不等式得

$$P(|X+Y-E(X+Y)|\geqslant 9)\leqslant \frac{D(X+Y)}{9^2}\leqslant \frac{1}{27}$$

即 $$P(|X+Y|\geqslant 9)\leqslant \frac{1}{27}.$$

例 6　已知某厂生产的晶体管的寿命服从均值为 100h 的指数分布.现从该厂的产品中随机地抽取 64 只,试求这 64 只晶体管的寿命总和超过 7000h 的概率.假定这些晶体管的寿命是相互独立的.

解:设每个晶体管的寿命为 $X_i, i=1,2,\cdots,64$,由题意可知,X_i服从参数为 100 的指数分布,则 $E(X_i)=100, D(X_i)=10000$,64 只晶体管的寿命总和 $X=\sum_{i=1}^{64}X_i$,于是,这 64 只晶体管的寿命总和超过 7000h 的概率为

$$P(X\geqslant 7000)=P(\sum_{i=1}^{64}X_i\geqslant 7000)$$

由独立同分布的中心极限定理得

$$\begin{aligned}P(X\geqslant 7000)&=P(\frac{X-64\times 100}{\sqrt{64\times 10000}}\geqslant \frac{7000-64\times 100}{\sqrt{64\times 10000}})\\&=P(\frac{X-64\times 100}{800}\geqslant 0.75)\\&\approx 1-\Phi(0.75)=0.2266.\end{aligned}$$

例 7　设 n 次伯努利试验中,每次试验中随机事件 A 出现的概率均为 0.70.问:至少要进行多少次试验才能使事件 A 出现的频率在 0.68 到 0.72 之间的概率不小于 0.90?

解:因为 $$\begin{aligned}P(0.68\leqslant \frac{n_A}{n}\leqslant 0.72)&=P(0.68n\leqslant n_A\leqslant 0.72n)\\&=P(0.68n-0.70n\leqslant n_A-0.70n\leqslant 0.72n-0.70n)\\&=P(|n_A-0.70n|\leqslant 0.02n)\end{aligned}$$

且 $$E(n_A)=n\times 0.7, D(n_A)=n\times 0.7\times(1-0.7)=0.21n$$

由切比雪夫不等式可得

$$\begin{aligned}P(|n_A-0.70n|\leqslant 0.02n)&\geqslant 1-\frac{D(n_A)}{(0.02n)^2}=1-\frac{0.21n}{(0.02n)^2}\\&=1-\frac{525}{n}\end{aligned}$$

要使 $P(0.68\leqslant \frac{n_A}{n}\leqslant 0.72)\geqslant 0.90$,只要 $1-\frac{525}{n}\geqslant 0.90$,解得 $n\geqslant 5250$,即至少进行5250次试验.

例 8　在抽样检查产品质量时,若发生次品数多于 10 个,就拒绝接受这批产品.设某批产品的次品率为 10%,问至少应抽取多少产品检查,才能保证拒绝该产品的概率达到 0.9?

解:设应抽取 n 个产品,η 为其中的次品数,则

$$\eta \sim B(n,0.1), E(\eta) = 0.1n, D(\eta) = 0.1 \times 0.9n = 0.09n$$

由棣莫弗-拉普拉斯定理,有

$$P(A) = P(10 < \eta \leqslant n) = P(\frac{10 - 0.1n}{\sqrt{0.09n}} < \frac{\eta - 0.1n}{\sqrt{0.09n}} \leqslant \frac{n - 0.1n}{\sqrt{0.09n}})$$

$$\approx \Phi(3\sqrt{n}) - \Phi(\frac{10 - 0.1n}{\sqrt{0.09n}})$$

当 n 充分大时,$\Phi(3\sqrt{n}) \approx \Phi(+\infty) = 1$. 所以

$$1 - \Phi(\frac{10 - 0.1n}{\sqrt{0.09n}}) = 0.9,\ 即 \quad \Phi(\frac{10 - 0.1n}{\sqrt{0.09n}}) = 0.1$$

查表,得$\frac{10-0.1n}{\sqrt{0.09n}} = -1.28$,所以 $n=147$.

例 9 一生产线生产的产品成箱包装,每箱重量是随机的,假设每箱平均重量 50kg,标准差为 5kg. 若用最大载重量为 5t 的汽车托运,试利用中心极限定理说明每辆车最多可以装多少箱,才能保证不超载的概率大于 0.997? $\{\Phi(2)=0.997$,$\Phi(x)$是标准正态分布函数$\}$

解:设 $X_i(i=1,2,\cdots,n)$是装运的第 i 箱产品的重量(单位:kg),n 是所求的装车箱数. 由题可知,$X_i(i=1,2,\cdots,n)$是独立同分布的随机变量,n 箱重量 $T_n = X_1 + X_2 + \cdots + X_n$,则

$$E(X_i) = 50,\ D(X_i) = 25,\ E(T_n) = 50n,\ D(T_n) = 25n$$

由独立同分布的中心极限定理,T_n 近似服从正态分布 $N(50n,25n)$,

$$P(T_n \leqslant 5000) = P(\frac{T_n - 50n}{5\sqrt{n}} \leqslant \frac{5000 - 50n}{5\sqrt{n}})$$

$$\approx \Phi(\frac{5000 - 50n}{5\sqrt{n}}) > 0.997 = \Phi(2)$$

所以

$$\frac{5000 - 50n}{5\sqrt{n}} > 2,\ n < 98.0199$$

所以最多可以装 98 箱才能保证不超载的概率大于 0.997.

A 类题

1. 填空题

(1) 设 $E(X) = \mu$, $D(X) = \sigma^2$,则由切比雪夫不等式有 $P\{|X - \mu| \geqslant 3\sigma\} \leqslant$ ________.

(2)设随机变量 $X_1,X_2,\cdots,X_n$ 相互独立同分布,且 $E(X_i)=\mu,D(X_i)=8,(i=1,2,\cdots,n)$,则由切比雪夫不等式有 $P\{|\overline{X}-\mu|\geqslant\varepsilon\}\leqslant$________________,并有估计 $P\{|\overline{X}-\mu|<4\}\geqslant$________________.

2. 选择题

(1)设随机变量 $X_1,X_2,\cdots,X_9$ 相互独立同分布,且 $E(X_i)=1,D(X_i)=1,(i=1,2,\cdots,9)$,令 $S_9=\sum\limits_{i=1}^{9}X_i$,则对任意 $\varepsilon>0$,从切比雪夫不等式直接可得(　　).

(A) $P\{|S_9-1|<\varepsilon\}\geqslant1-\dfrac{1}{\varepsilon^2}$　　(B) $P\{|S_9-9|<\varepsilon\}\geqslant1-\dfrac{9}{\varepsilon^2}$

(C) $P\{|S_9-9|<\varepsilon\}\geqslant1-\dfrac{1}{\varepsilon^2}$　　(D) $P\left\{\left|\dfrac{S_9}{9}-1\right|<\varepsilon\right\}\geqslant1-\dfrac{1}{\varepsilon^2}$

(2)根据德莫弗-拉普拉斯定理可知(　　).

(A) 二项分布是正态分布的极限分布　　(B) 正态分布是二项分布的极限分布

(C) 二项分布是指数分布的极限分布　　(D) 二项分布与正态分布没有关系

(3)设随机变量 X 服从正态分布 $N(\mu_1,\sigma_1^2)$,Y 服从正态分布 $N(\mu_2,\sigma_2^2)$,且 $P\{|X-\mu_1|<1\}>P\{|Y-\mu_2|<1\}$,则(　　).

(A) $\sigma_1<\sigma_2$　　(B) $\sigma_1>\sigma_2$　　(C) $\mu_1<\mu_2$　　(D) $\mu_1>\mu_2$

(4)设 $\{X_n\}(n\geqslant1)$ 为相互独立的随机变量序列,且都服从参数为 λ 的指数分布,则(　　).其中 $\Phi(x)=\int_{-\infty}^{x}\dfrac{1}{\sqrt{2\pi}}e^{-\frac{x^2}{2}}dx$ 是标准正态分布的分布函数.

(A) $\lim\limits_{n\to\infty}P\left\{\dfrac{\lambda\sum\limits_{i=1}^{n}X_i-n}{\sqrt{n}}\leqslant x\right\}=\Phi(x)$　　(B) $\lim\limits_{n\to\infty}P\left\{\dfrac{\sum\limits_{i=1}^{n}X_i-n}{\sqrt{n}}\leqslant x\right\}=\Phi(x)$

(C) $\lim\limits_{n\to\infty}P\left\{\dfrac{\sum\limits_{i=1}^{n}X_i-\lambda}{\sqrt{n}\lambda}\leqslant x\right\}=\Phi(x)$　　(D) $\lim\limits_{n\to\infty}P\left\{\dfrac{\sum\limits_{i=1}^{n}X_i-\lambda}{\sqrt{n\lambda}}\leqslant x\right\}=\Phi(x)$

3. 计算题

(1)设在每次实验中事件 A 以概率0.5发生,是否可以用大于0.97的概率,使在 1000 次实验中,事件 A 出现的次数在 400 与 600 范围内?

(2)将一颗骰子连续掷四次,其点数之和记为 X,试估计概率 $P\{10<X<18\}$.

(3)设 $X_i(i=1,2,\cdots,50)$是相互独立的随机变量,且服从参数 $\theta=\frac{100}{3}$的泊松分布,记 $Z=\sum_{i=1}^{50}X_i$,试利用中心极限定理估计 $P\{Z>3\}$.

(4)设某部件由 10 个部分组成,每部分的长度 X_i 为随机变量,$X_1,X_2,\cdots,X_{10}$相互独立同分布,$E(X_i)=2\text{mm}$,$\sqrt{D(X_i)}=0.5\text{mm}$,若规定总长度为$(20\pm1)\text{mm}$是合格产品,求产品合格的概率.

(5)有 100 道单项选择题,每个题中有 4 个备选答案,且其中只有一个答案是正确的,规定选择正确得 1 分,选择错误得 0 分,假设无知者对于每一个题都是从 4 个备选答案中随机地选答,并且没有不选的情况,计算他能够超过 35 分的概率.

B 类题

1. 填空题

(1)设随机变量 X 和 Y 的数学期望分别为-2 和 2,方差分别为 1 和 4,而相关系数为-0.5,则根据切比雪夫不等式,$P\{|X+Y|\geqslant6\}\leqslant$________________.

(2)设在每次随机试验中事件 A 发生的概率为 p,现独立地重复进行 n 次试验,n_A 表示 n 次重复试验中事件 A 发生的次数,利用中心极限定理,得 $P(a<n_A\leqslant b)$的近似值为________________.(用标准正态分布 $\Phi(x)$的值表示)

2. 计算题

(1)(a)一个复杂系统由 100 个相互独立的元件组成,系统运行期间每个元件损坏的概率为 0.1,又知系统运行至少需要 85 个元件正常工作,求系统可靠度(即正常工作的概率).

(b)上述系统假如由 n 个相互独立的元件组成，至少 80%的元件正常工作才能使系统正常运行，问 n 至少多大才能保证系统可靠度为 0.95?

(2)某保险公司多年的统计资料表明，在索赔户中被盗索赔户占 20%，以 X 表示在随意抽查的 100 个索赔户中因被盗向保险公司索赔的户数，

(a)写出 X 的概率分布；

(b)用德莫弗-拉普拉斯定理，求被盗索赔户不少于 14 户不多于 30 户的概率的近似值.

(3)某运输公司有 500 辆汽车参加保险，在 1 年里汽车出事故的概率为 0.006，参加保险的汽车每年交保险费 800 元，若出事故保险公司最多赔偿 50000 元，试利用中心极限定理计算，保险公司 1 年赚钱不小于 200000 元的概率.

(4)某工厂生产的灯泡的平均寿命为 2000h，改进工艺后，平均寿命提高到 2250h，标准差仍为 250h. 为鉴定此项新工艺，特规定：任意抽取若干只灯泡，若平均寿命超过 2200h，就可承认此项新工艺. 工厂为使此项新工艺通过鉴定的概率不小于 0.997，问至少应抽检多少只灯泡?

(5)设随机变量序列 $X_1, X_2, \cdots, X_n, \cdots$ 相互独立同分布，且 $E(X_n)=0$，求 $\lim\limits_{n\to\infty}P\left\{\sum\limits_{i=1}^{n}X_i<n\right\}$.

(6)设随机变量序列 $X_1, X_2, \cdots, X_n, \cdots$ 满足条件 $\lim\limits_{n\to\infty}\frac{1}{n^2}D\left(\sum\limits_{i=1}^{n}X_i\right)=0$，证明：

$$\lim_{n\to\infty}P\left\{\left|\frac{1}{n}\sum_{i=1}^{n}X_i-\frac{1}{n}\sum_{i=1}^{n}E(X_i)\right|<\varepsilon\right\}=1$$

第四章　参数估计

第一节　参数的点估计与估计量的评选标准

1. 参数的点估计

设 θ 为总体 X 的待估计参数，$X_1, X_2, \cdots, X_n$ 是 X 的一个样本，$x_1, x_2, \cdots, x_n$ 是相应的样本观测值，所谓点估计就是用某个统计量$\hat{\theta}(X_1, X_2, \cdots, X_n)$的一个具体观测值$\hat{\theta}(x_1, x_2, \cdots, x_n)$来估计未知参数 θ. 通常称$\hat{\theta}(X_1, X_2, \cdots, X_n)$为 θ 的估计量，而称$\hat{\theta}(x_1, x_2, \cdots, x_n)$为 θ 的估计值. 常用的求估计量的方法有矩估计和极大似然估计法.

(1)矩估计法

以样本矩 $\left(\frac{1}{n}\sum_{i=1}^{n} X_i^k\right)$ 来估计相应总体矩(EX^k) 的方法称为矩估计法. 解题具体步骤(以单参数为例)：(a) 计算 $EX = g(\theta)$；(b) 解方程 $\theta = h(EX)$；(c) 令 $EX = \overline{X}$；(d) 代入得$\hat{\theta} = h(\overline{X})$.

(2)极大似然估计法

设总体分布的形式已知为 $f(x;\theta_1, \theta_2, \cdots, \theta_k)$(对离散情形理解为概率，对连续情形理解为概率密度)，$X_1, X_2, \cdots, X_n$ 是总体 X 的一个样本，$x_1, x_2, \cdots, x_n$ 是相应的样本观测值，则称其样本联合分布 $L(\theta_1, \theta_2, \cdots, \theta_k) = \prod_{i=1}^{n} f(x_i;\theta_1, \theta_2, \cdots, \theta_k)$ 为似然函数，而称似然函数的最大值点$\hat{\theta}_1, \hat{\theta}_2, \cdots, \hat{\theta}_k$ 为未知参数 $\theta_1, \theta_2, \cdots, \theta_k$ 的极大似然估计.

解题具体步骤(以单参数为例，特殊情况除外)：

(a)计算似然函数 $L(\theta) = \prod_{i=1}^{n} f(x_i;\theta)$.

(b) 计算对数似然函数 $\ln L(\theta)$.

(c)计算导数 $\frac{\mathrm{d}\ln L(\theta)}{\mathrm{d}\theta}$.

(d)解方程$\frac{\mathrm{d}\ln L(\theta)}{\mathrm{d}\theta}=0$ 得$\hat{\theta}$.

2. 估计量的评选标准

(1)无偏性:设$\hat{\theta}$为θ的估计量,若有$E\hat{\theta}=\theta$,则称$\hat{\theta}$为θ的无偏估计量.

(2)最小方差性(有效性):设$\hat{\theta}_1$和$\hat{\theta}_2$都为θ的无偏估计量,若有$D(\hat{\theta}_1)<D(\hat{\theta}_2)$,则称估计量$\hat{\theta}_1$比$\hat{\theta}_2$有效.若在$\theta$的一切无偏估计中,$\hat{\theta}$的方差最小,称$\hat{\theta}$为$\theta$最小方差无偏估计量.

(3)相合性(一致性):设$\hat{\theta}$为θ的估计量,若有$\hat{\theta}\xrightarrow{P}\theta$,则称$\hat{\theta}$为$\theta$的一致估计量.

矩估计和极大似然估计都不一定是无偏估计,但都是一致估计.常用估计量都满足一致性,所以我们在评价估计量时,往往只验证其无偏性与其比较有效性.

典型例题

例1 设总体$X\sim U(\theta,\theta+2)$,样本为$X_1,X_2,\cdots,X_n$,试求参数θ的矩估计.

解:计算总体矩$EX=\frac{1}{2}(\theta+\theta+2)=\theta+1$,解方程得$\theta=EX-1$,令$EX=\overline{X}$,代入得$\hat{\theta}=\overline{X}-1$.

例2 设总体$X\sim B(k,p)$,其中k,p均未知,样本为$X_1,X_2,\cdots,X_n$,试求参数k和p的矩估计.

解:计算总体矩$\begin{cases}EX=kp\\DX=kp(1-p)\end{cases}$,解方程组得$\begin{cases}p=\dfrac{EX-DX}{EX}\\k=\dfrac{(EX)^2}{EX-DX}\end{cases}$

令
$$\begin{cases}EX=\overline{X}\\DX=\dfrac{1}{n}\sum\limits_{i=1}^{n}(X_i-\overline{X})^2\end{cases},\text{代入得}\begin{cases}\hat{p}=\dfrac{\overline{X}-\dfrac{1}{n}\sum\limits_{i=1}^{n}(X_i-\overline{X})^2}{\overline{X}}\\\hat{k}=\dfrac{(\overline{X})^2}{\overline{X}-\dfrac{1}{n}\sum\limits_{i=1}^{n}(X_i-\overline{X})^2}\end{cases},\text{取整}\hat{k}.$$

例3 设总体X的密度为$f(x)=\begin{cases}(\theta+1)x^\theta, & 0<x<1,\\0, & \text{其他}.\end{cases}$其中$\theta>-1$未知,样本观测值为$x_1,x_2,\cdots,x_n$,试求$\theta$的极大似然估计.

解:计算似然函数$L(\theta)=\prod\limits_{i=1}^{n}f(x_i;\theta)=(\theta+1)^n\left(\prod\limits_{i=1}^{n}x_i\right)^\theta$,即

$$\ln L=n\ln(\theta+1)+\theta\sum_{i=1}^{n}\ln x_i$$

从而
$$\frac{\mathrm{d}\ln L}{\mathrm{d}\theta}=\frac{n}{\theta+1}+\sum_{i=1}^{n}\ln x_i$$

令
$$\frac{\mathrm{d}\ln L}{\mathrm{d}\theta}=0$$

解之得　　$\hat{\theta}=-1-\dfrac{n}{\sum\limits_{i=1}^{n}\ln x_i}$

例 4　设总体 $X\sim N(\mu,1)$，样本为 X_1,X_2. 试证下列三个估计量都是 μ 的无偏估计量，$\hat{\mu}_1=\dfrac{2}{3}X_1+\dfrac{1}{3}X_2$，$\hat{\mu}_2=\dfrac{1}{4}X_1+\dfrac{3}{4}X_2$，$\hat{\mu}_3=\dfrac{1}{2}X_1+\dfrac{1}{2}X_2$，并指出其中哪一个最有效.

证明：因为 $E\hat{\mu}_1=E\hat{\mu}_2=E\hat{\mu}_3=\hat{\mu}$，所以 $\hat{\mu}_1,\hat{\mu}_2,\hat{\mu}_3$ 都是 μ 的无偏估计量，而 $D(\hat{\mu}_1)=\dfrac{5}{9}$，$D(\hat{\mu}_2)=\dfrac{5}{8}$，$D(\hat{\mu}_3)=\dfrac{1}{2}$，其中 $D(\hat{\mu}_3)$ 最小，所以 $\hat{\mu}_3$ 最有效.

例 5　设总体 $X\sim N(\mu,\sigma^2)$，求 μ,σ^2 的矩估计量.

解：因为 $\mu=EX=a_1$，$a_2=EX^2=\sigma^2+\mu^2$

由此得方程组　$\begin{cases}\mu=a_1\\ \sigma^2+\mu^2=a_2\end{cases}\Rightarrow \mu=a_1,\sigma^2=a_2-a_1^2$

用 $\hat{a}_1,\hat{a}_2$ 分别估计 a_1,a_2，即得 μ,σ^2 的矩估计量

$$\hat{\mu}=\frac{1}{n}\sum_{i=1}^{n}X_i=\overline{X},$$

$$\hat{\sigma}^2=\hat{a}_2-\hat{a}_1=\frac{1}{n}\sum_{i=1}^{n}X_i^{\ 2}-\left(\frac{1}{n}\sum_{i=1}^{n}X_i\right)^2=\frac{1}{n}\sum_{i=1}^{n}(X_i-\overline{X})^2$$

例 6　设 $X_1,X_2,\cdots,X_n$ 是来自参数为 λ 的泊松分布总体的一个样本，试求 λ 的矩估计量及极大似然估计量.

解：(1)总体 X 的分布律为 $P\{X=x\}=\dfrac{\lambda^x e^{-\lambda}}{x!}$，$x=0,1,2\cdots$，因为

$$E(X)=\sum_{x=0}^{\infty}\frac{\lambda^x e^{-\lambda}}{x!}\cdot x=\lambda\sum_{x=1}^{\infty}\frac{\lambda^{x-1}e^{-\lambda}}{(x-1)!}=\lambda$$

所以令　　$\upsilon_1=\overline{X}=E(X)$

得到 λ 的矩估计量为 $\hat{\lambda}=\overline{X}$.

(2)样本 $X_1,X_2,\cdots,X_n$ 的似然函数为

$$L(\lambda)=\prod_{i=1}^{n}\frac{\lambda^{x_i}e^{-\lambda}}{x_i!}=\frac{\lambda^{\sum\limits_{i=1}^{n}x_i}e^{-n\lambda}}{\prod\limits_{i=1}^{n}x_i!}$$

则　　$\ln L(\lambda)=\sum\limits_{i=1}^{n}x_i\ln\lambda-n\lambda-\sum\limits_{i=1}^{n}\ln(x_i!)$

令　　$\dfrac{\partial\ln L(\lambda)}{\partial\lambda}=\dfrac{\sum\limits_{i=1}^{n}x_i}{\lambda}-n=0$

解得 λ 的极大似然估计量为 $\hat{\lambda}=\dfrac{1}{n}\sum\limits_{i=1}^{n}X_i=\overline{X}$.

A 类题

1. 填空题

(1)矩估计法是通过______与______的联系解出参数,并用______代替______而得到参数估计的一种方法.

(2)极大似然估计法是在__________已知情况下的一种点估计方法.

(3)设 $X_1,X_2,\cdots,X_n$ 是正态总体 $N(\mu,\sigma^2)$ 的一个样本,则 μ 的极大似然估计为 $\hat{\mu}=$______,总体方差的矩估计为 $\hat{\sigma}^2=$______.

(4)设 $\hat{\theta}(X_1,X_2,\cdots,X_n)$ 为未知参数 θ 的估计量,若______,则称 $\hat{\theta}$ 为 θ 的无偏估计量.

(5)设 $X_1,X_2,\cdots,X_n$ 为总体 X 的一个样本,则总体均值 $E(X)$ 的无偏估计为______,总体方差 $D(X)$ 的无偏估计为______.

2. 计算下列各题

(1)设 $X_1,X_2,\cdots,X_n$ 来自密度函数为 $f(x;\theta)=\begin{cases}e^{-(x-\theta)}, & x\geqslant 0,\\ 0, & x<0\end{cases}$ 总体的一个样本,求 θ 的矩估计.

(2)设总体 X 服从两点分布(0,1)分布,$P\{x=1\}=p,0<p<1,p$ 为未知参数,$X_1,X_2,\cdots,X_n$ 是来自该总体的简单随机样本,试求:(a)未知参数 p 的矩估计;(b)极大似然估计.

(3)设总体 X 的密度函数为 $f(x;\alpha)=(\alpha+1)x^{\alpha},0<x<1$,其中 $\alpha>-1$ 是未知参数,$X_1,X_2,\cdots,X_n$ 是来自该总体的一个简单随机样本,求:(a)参数 α 的矩估计;(b)极大似然估计.

(4)设总体 $X\sim N(\mu,\sigma^2)$，其中 μ 未知，$X_1,X_2,\cdots,X_n$ 为其子样，试证下述统计量：

$$\hat{\mu}_1=\frac{1}{4}X_1+\frac{1}{2}X_2+\frac{1}{4}X_3,\quad \hat{\mu}_2=\frac{1}{3}X_1+\frac{1}{3}X_2+\frac{1}{3}X_3,$$

$$\hat{\mu}_3=\frac{1}{5}X_1+\frac{3}{5}X_2+\frac{1}{5}X_3,\quad \hat{\mu}_4=\frac{1}{6}X_1+\frac{5}{6}X_3$$

都是 μ 的无偏估计，并指明哪个估计“最好”.

B类题

1. 填空题

在天平上重复称量一重为 a 的物品，假设各次称量结果相互独立且服从正态分布 $N(a,0.2^2)$，若以 $\overline{X}_n$ 表示 n 次称量结果的算术平均值，则为使 $P\{|\overline{X}_n-a|<0.1\}\geqslant 0.95$，$n$ 的最小值应不小于自然数________.

2. 计算下列各题

(1)设总体 X 的密度函数为 $f(x;\theta)=\begin{cases}\dfrac{6x}{\theta^3}(\theta-x), & 0<x<\theta,\\ 0, & \text{其他}.\end{cases}$ $X_1,X_2,\cdots,X_n$ 是取自 X 的简单随机样本，求：(a)θ 的矩估计量；(b) $\hat{\theta}$ 的方差 $D(\hat{\theta})$.

(2)设 $X_1,X_2,\cdots,X_n$ 是来自总体 X 的简单随机样本，$\alpha_i>0,i=1,2,\cdots,n$，$\sum_{i=1}^{n}\alpha_i=1$，试证：(a) $\sum_{i=1}^{n}\alpha_iX_i$ 是 $E(X)=\mu$ 的无偏估计量；

(b) 试证在 μ 的一切情形为 $\sum_{i=1}^{n}\alpha_iX_i(\alpha_i>0,\sum_{i=1}^{n}\alpha_i=1)$ 的估计中，$\overline{X}$ 为最有效的.

(3)设 $X_1,X_2,\cdots,X_n$ 为正态总体 $N(\mu,\sigma^2)$的一个简单随机样本，试适当选择 C，使 $C\sum_{i=1}^{n-1}(X_{i+1}-X_i)^2$ 为 σ^2 的无偏估计.

(4)设$\hat{\theta}_1$ 和$\hat{\theta}_2$ 是参数 θ 的两个相互独立的无偏估计，且 $D(\hat{\theta}_1)=2D(\hat{\theta}_2)$，找出常数 k_1，k_2 使 $k_1\hat{\theta}_1+k_2\hat{\theta}_2$ 也是 θ 的无偏估计，并且使它在所有的这种形状的估计量中方差最小.

(5)设某产品的寿命 X 的概率密度为

$$f(x;\theta_1,\theta_2)=\begin{cases}\dfrac{1}{\theta_2}e^{-(x-\theta_1)/\theta_2}, & 0<\theta_1<x<+\infty,\theta_2>0\\ 0, & \text{其他}.\end{cases}$$

$X_1,X_2,\cdots,X_n$ 是测得 n 个样品的寿命,试求:(a)θ_1,θ_2 的矩估计量;(b)θ_1,θ_2 的极大似然估计量.

第二节　参数的区间估计

1. 参数的区间估计

设总体 X 含有未知参数 θ,如果有两个统计量 $\hat{\theta}_1$ 和 $\hat{\theta}_2$,其中 $\hat{\theta}_1<\hat{\theta}_2$,用随机区间 $(\hat{\theta}_1,\hat{\theta}_2)$ 来估计 θ,就称为区间估计.对于给定值 $\alpha(0<\alpha<1)$,若 $P\{\hat{\theta}_1<\theta<\hat{\theta}_2\}=1-\alpha$,则称 $(\hat{\theta}_1,\hat{\theta}_2)$ 为参数 θ 的置信度为 $1-\alpha$ 的置信区间,分别称 $\hat{\theta}_1$、$\hat{\theta}_2$ 为置信下限与置信上限.

区间估计与点估计均属于参数估计,点估计能给出一个明确的近似值,但不能明确估计精度,而区间估计能够恰当指出估计精度(即置信度 $1-\alpha$).区间估计的目标是寻求待估计参数的固定置信度的置信区间.

2. 正态总体参数的区间估计

设总体 $X\sim N(\mu,\sigma^2)$,其中 σ 已知,样本为 $X_1,X_2,\cdots,X_n$,做参数 μ 的区间估计(置信度为 $1-\alpha$).

步骤:(1)选统计量:$\dfrac{\overline{X}-\mu}{\frac{\sigma}{\sqrt{n}}} \sim N(0,1)$.

(2)构造概率为 $1-\alpha$ 的统计量区间:$P\left\{\left|\dfrac{\overline{X}-\mu}{\frac{\sigma}{\sqrt{n}}}\right| < u_{\alpha/2}\right\} = 1-\alpha$.

(3)求解不等式(变形):$P\{\overline{X}-\frac{\sigma}{\sqrt{n}}u_{\alpha/2} < \mu < \overline{X}+\frac{\sigma}{\sqrt{n}}u_{\alpha/2}\} = 1-\alpha$.

(4)得到 μ 的置信度为 $1-\alpha$ 的置信区间为:$\left(\overline{X}-\frac{\sigma}{\sqrt{n}}u_{\alpha/2},\overline{X}+\frac{\sigma}{\sqrt{n}}u_{\alpha/2}\right)$.

表 7-1 常见类型的参数区间估计(置信度为 1-α)

总体	待估参数	其他参数	统计量	置信区间
单个正态总体	μ	σ^2 已知	$u=\dfrac{\overline{X}-\mu}{\frac{\sigma}{\sqrt{n}}}\sim N(0,1)$	$(\overline{X}\pm\frac{\sigma}{\sqrt{n}}u_{\alpha/2})$
	μ	σ^2 未知	$t=\dfrac{\overline{X}-\mu}{\frac{S}{\sqrt{n}}}\sim t(n-1)$	$(\overline{X}\pm\frac{S}{\sqrt{n}}t_{\alpha/2}(n-1))$
	σ^2	μ 未知	$\chi^2=\dfrac{(n-1)S^2}{\sigma^2}\sim\chi^2(n-1)$	$\left(\dfrac{(n-1)S^2}{\chi^2_{\alpha/2}(n-1)},\dfrac{(n-1)S^2}{\chi^2_{1-\alpha/2}(n-1)}\right)$
两个正态总体	$\mu_1-\mu_2$	σ_1^2,σ_2^2 已知	$u=\dfrac{\overline{X}_1-\overline{X}_2-(\mu_1-\mu_2)}{\sqrt{\frac{\sigma_1^2}{n_1}+\frac{\sigma_2^2}{n_2}}}\sim N(0,1)$	$(\overline{X}_1-\overline{X}_2\pm u_{\alpha/2}\sqrt{\frac{\sigma_1^2}{n_1}+\frac{\sigma_2^2}{n_2}})$
	$\mu_1-\mu_2$	$\sigma_1^2=\sigma_2^2$ 未知	$t=\dfrac{\overline{X}_1-\overline{X}_2-(\mu_1-\mu_2)}{S_w\sqrt{\frac{\sigma_1^2}{n_1}+\frac{\sigma_2^2}{n_2}}}\sim t(n_1+n_2-2)$	$\left((\overline{X}_1-\overline{X}_2\pm t_{\alpha/2}(n_1+n_2-2)S_w\cdot\sqrt{\frac{1}{n_1}+\frac{1}{n_2}}\right)$
	$\dfrac{\sigma_1^2}{\sigma_2^2}$	μ_1,μ_2 未知	$F=\dfrac{\frac{S_1^2}{S_2^2}}{\frac{\sigma_1^2}{\sigma_2^2}}\sim F(n_1-1,n_2-1)$	$\left(\dfrac{S_1^2}{S_2^2}\dfrac{1}{F_{\alpha/2}(n_1-1,n_2-1)},\dfrac{S_1^2}{S_2^2}\dfrac{1}{F_{1-\alpha/2}(n_1-1,n_2-1)}\right)$

关于求置信区间的问题,要记住上述公式,求出样本均值与方差,查相关分布表的分位数,代入上述有关式子中,即得置信区间,但是要特别注意上述置信区间的使用条件,如方差已知和未知所服从的分布是不一样的.

典型例题

例 1 有一大批糖果,现从中随机地取 16 袋,称的重量(单位:g)如下:506、508、499、503、504、510、497、512、514、505、493、496、506、502、509、496.设每装糖果的重量近似地服

从正态分布,试求总体均值 μ 的置信度为 0.95 的置信区间.

解:对于单正态总体而言,当方差 σ^2 未知时,其均值 μ 的置信度为$1-\alpha$的置信区间为 $\{\overline{X}\pm\frac{S}{\sqrt{n}}t_{\alpha/2}(n-1)\}$. 此题中,$n=16$,$\alpha=0.05$,$t_{0.025}(15)=2.1315$,$\bar{x}=503.75$,$s=6.2022$,代入得所求置信区间为(500.4,507.1).

例 2 为比较Ⅰ、Ⅱ两种型号步枪子弹的枪口速度,随机地取Ⅰ型子弹 10 发,得到的枪口速度的平均值为 $\bar{x}_1=500\text{m/s}$,标准差 $s_1=1.10\text{m/s}$,随机地取Ⅱ型子弹 20 发,得到的枪口速度的平均值为 $\bar{x}_2=496\text{m/s}$,标准差 $s_2=1.20\text{m/s}$. 假设两总体可以近似地认为服从正态分布,且由生产过程可认为方差相等. 求两总体均值差 $\mu_1-\mu_2$ 的置信度为 0.95 的置信区间.

解:对于两正态总体而言,当方差 $\sigma_1^2=\sigma_2^2=\sigma$ 但未知时,其均值差 $\mu_1-\mu_2$ 的置信度为 $1-\alpha$的置信区间为 $\left\{\overline{X}_1-\overline{X}_2\pm t_{\alpha/2}(n_1+n_2-2)S_w\cdot\sqrt{\frac{1}{n_1}+\frac{1}{n_2}}\right\}$.

此题中,$n_1=10$,$n_2=20$,$\alpha=0.05$,$t_{0.025}(28)=2.0484$,$\bar{x}_1=500$,$\bar{x}_2=496$,$s_w=1.1688$,代入得所求置信区间为(3.07,4.93).

例 3 对于非正态总体的大样本($n>30$),近似地有 $S\sim N(\sigma,\frac{\sigma^2}{2n})$,其中 σ 为总体标准差未知,试证 σ 的置信度为 $1-\alpha$ 的置信区间为 $\left(\frac{S}{1+\frac{u_{\alpha/2}}{\sqrt{2n}}},\frac{S}{1-\frac{u_{\alpha/2}}{\sqrt{2n}}}\right)$.

证:由于近似地有 $S\sim N(\sigma,\frac{\sigma^2}{2n})$,因此近似地有 $\frac{S-\sigma}{\frac{\sigma}{\sqrt{2n}}}\sim N(0,1)$,从而

$P\left\{\left|\frac{S-\sigma}{\frac{\sigma}{\sqrt{2n}}}\right|<u_{\alpha/2}\right\}\approx 1-\alpha$,变形得 $P\left\{\frac{S}{1+\frac{u_{\alpha/2}}{\sqrt{2n}}}<\sigma<\frac{S}{1-\frac{u_{\alpha/2}}{\sqrt{2n}}}\right\}\approx 1-\alpha$,所以 σ 的置信度为 $1-\alpha$ 的置信区间为$\left(\frac{S}{1+\frac{\mu_{\alpha/2}}{\sqrt{2n}}},\frac{S}{1-\frac{\mu_{\alpha/2}}{\sqrt{2n}}}\right)$.

A 类题

1. 填空题

(1)设由来自正态总体 $X\sim N(\mu,0.9^2)$,容量为 9 的样本,得样本均值 $\overline{X}=5$,则未知参数 μ 的置信度为 0.95 的置信区间是________________.

(2)方差 σ^2 未知时,数学期望 μ 的置信度为 $1-\alpha$ 的置信区间是________________.

(3)方差σ^2的置信度为$1-\alpha$的置信区间为________.

(4)设$X_1,X_2,\cdots,X_n$是取自正态总体$N(\mu,\sigma^2)$的样本,其中μ和σ^2都是未知参数,σ^2的置信度为$1-\alpha$的置信上限为________.

(5)设总体$X\sim N(\mu_1,\sigma_1^2)$,$X_1,X_2,\cdots,X_{n_1}$是来自$X$的样本,总体$Y\sim N(\mu_2,\sigma_2^2)$,$Y_1,Y_2,\cdots,Y_{n_2}$是来自$Y$的样本,$\mu_1,\mu_2$为已知常数,两个样本相互独立,则$\frac{\sigma_1^2}{\sigma_2^2}$的置信度为$1-\alpha$的置信区间为________.

2. 计算下列各题

(1)某种零件的长度服从正态分布,已知总体的标准差$\sigma=1.5$,从总体中抽取200个零件组成样本,测得它们的平均长度为8.8cm,试估计在95%置信度下,全部零件平均长度的置信区间.

(2)某县1996年进行的一项抽样调查结果表明:调查的400户农民家庭每人每年的化纤布消费量为3.3m.根据过去的资料可知总体方差为0.96,试以95%的置信度估计该县1996年农民家庭平均每人化纤布消费的置信区间.

(3)抽查食盐的包装重量,得重量(单位:g)如下:506,508,499,503,504,510,497,512,514,505,493,496,506,502,509,496.设每装重量服从正态分布,试求总体均值μ与方差σ^2的置信度为0.95的置信区间.

(4)某车间生产铜丝,设铜丝折断力服从正态分布,现随机地取出 10 根,检查折断力,得数据如下:578,572,570,568,572,570,570,572,596,584,求铜丝折断力方差的置信度为 0.95 的置信区间.

B 类题

1.已知两个总体 $X,Y,X\sim N(\mu_1,\sigma_1^2),Y\sim N(\mu_2,\sigma_2^2)$,方差 σ_1^2,σ_2^2 已知,$X_1,X_2,\cdots,X_{n_1}$ 为 X 的容量为 n_1 的一个样本,$Y_1,Y_2,\cdots,Y_{n_2}$ 为 Y 的容量为 n_2 的一个样本,求 $\mu_1-\mu_2$ 的置信度为 $1-\alpha$ 的置信区间.

2.分别使用金球和铂球测定引力常数(单位:$10^{-11}\mathrm{m}^3\cdot\mathrm{kg}^{-1}\cdot\mathrm{s}^{-2}$).用金球测定观察值为 6.683, 6.681, 6.676, 6.678, 6.679, 6.672,用铂球测定观察值为 6.661, 6.661, 6.667, 6.667, 6.664.

设测定值总体为 $N(\mu,\sigma^2)$,μ,σ^2 均为未知,但有 $\sigma_1^2=\sigma_2^2$,求两个测定值总体均值差的置信度为 0.90 的置信区间.

3. 设某种清漆的 9 个样品,其干燥时间(单位:h)分别为 6.0, 5.7, 5.8, 6.5, 7.0, 6.3, 5.6, 6.1, 5.0,设干燥时间总体 $X \sim N(\mu,\sigma^2)$,在(a)由以往经验知 $\sigma=0.6$h;(b)若 σ^2 为未知的两种情形下,求 μ 的置信度为 0.95 的单侧置信上限.

参考答案

第一章 随机事件及其概率

第一节 样本空间与随机事件

A 类题

1. (1) $\{HHH,HHT,HTH,THH,HTT,THT,TTH,TTT\}$;

(2) $\{A_1;\overline{A_1}A_2;\cdots;\overline{A_1A_2}\cdots\overline{A_{n-1}}A_n;\cdots\}$;

(3) $\overline{A}\overline{B}\cup\overline{A}\overline{C}\cup\overline{B}\overline{C}$; $\overline{A}\cup\overline{B}\cup\overline{C}$; $AB\cup AC\cup BC$.

2. (1) D; (2) D; (3) C; (4) B.

3. (1) (a) $\{0,1,2,3\}$; (b) $\{3,4,5,\cdots,10\}$; (c) $\{1,3,5\}\{3,4,5,6\}$;

(d) $\{Aa,Bb,Cc;Aa,Bc,Cb;Ab,Ba,Cc;Ab,Bc,Ca;Ac,Bb,Ca,Ac,Ba,Cb\}$,其中 Aa 表示 a 球放在盒子 A 中,以此类推.

(2) (a) ×; (b) ×; (c)√.

(3) (a) $A\subset B$; (b) $A\supset B$; (c) $A\supset B+C$.

(4) (a) $\{5\}$; (b) $\{1,3,4,5,6,7,8,9,10\}$; (c) $\{2,3,4,5\}$; (d) $\{1,5,6,7,8,9,10\}$;

(e) $\{1,2,5,6,7,8,9,10\}$.

(5) (a) $A_1+A_2A_3+A_4$; (b) $A_1A_5+A_1A_2A_3A_4+A_6A_3A_4+A_6A_2A_5$.

(6) (a) AB; (b) $\emptyset$.

第二节 事件的频率与概率

A 类题

1. (1) 0.2; (2) (a) 0.7,0; (b) 0.4,0.3; (3) $1-\gamma$;$\beta-\gamma$;$1-\alpha+\gamma$.

2. (1) C; (2) D; (3) D; (4) C.

3. (1) $P(AB)\leqslant P(A)\leqslant P(A+B)\leqslant P(A)+P(B)$; (2) $\frac{3}{8}$; (3) $\frac{63}{125}$; (4) $\frac{2}{3}$; (5) $\frac{1}{12},\frac{1}{20}$.

B 类题

1. 略. **2.** 只有(1)、(5)是允许的.

C 类题

1. 由 $0.3=P(A\overline{B}+\overline{A}B)=P(A\overline{B})+P(\overline{A}B)=P(A)+P(B)-2P(AB)$,推出 $P(AB)=0.1$,所以有 $P(\overline{A}+\overline{B})=P(\overline{AB})=0.9$.

2. 在同一种六个头两两相接的情况下,只需考虑六个尾两两相接的样本点总数 $n=5\times3\times1=15$

种，事件 A=“放开手后六根草恰好连成一个环”所含样本点个数 $k=4\times2\times1=8$ 种. 故所求概率 $P(A)=\frac{k}{n}=\frac{8}{15}$.

第三节　古典概型与几何概型

A 类题

1. (1) $\frac{1}{4}$；　(2) $C_M^m C_{N-M}^{n-m}/C_N^n$；　(3) $\frac{1}{1260}$；　(4) $\frac{7}{16}$；　(5) $\frac{1}{2}$；　(6) $\frac{3}{4}$.

2. (1) B；　(2) B；　(3) B.

3. (1)(a) $\frac{28}{45}$；　(b) $\frac{1}{45}$；　(c) $\frac{16}{45}$；　(d) $\frac{44}{45}$.

(2) $\frac{5!\ 6!}{10!}=\frac{1}{42}$；　(3) $\frac{3}{10}$；　(4)(a) $p=0.432$；　(b) $q=0.037$；　(5) $\frac{\pi}{6}$.

B 类题

1. 令 A=“恰有两只鞋配成一双”，B=“至少有两只鞋配成一双”，5 双鞋子共 10 只，从中取 4 只，样本点总数为 C_{10}^4，事件 A 发生相当于从 5 双鞋中选一双，有 C_5^1 种可能，再从剩下的 4 双鞋中选 2 双，并从这 2 双鞋中各选 1 只，选法数为 $C_4^2\cdot2^2$，因此 (1) $P(A)=\frac{C_5^1\cdot C_4^2\cdot2^2}{C_{10}^4}=\frac{4}{7}$事件 B 发生，除了包含恰有 2 只鞋配成一双的情况外，还包括取到的 4 只鞋正好是 2 双的情况，有 C_5^2 种可能，因此，(2) $P(B)=\frac{C_5^1C_4^2\cdot2^2+C_5^2}{C_{10}^4}=\frac{13}{21}$. 事件 B 的概率也可以这样计算，考虑 B 的对立事件 $\bar{B}$=“所取到的 4 只鞋都不能配成一双”，则 $P(B)=|1-P(\bar{B})|=1-\frac{C_5^2\cdot2^4}{C_{10}^4}$.

2. $\frac{1}{4}$.　**3.** (a) $\frac{13}{24}$；　(b) $\frac{1}{48}$.

第四节　条件概率

A 类题

1. (1) $\frac{1}{3}$；　(2) $\frac{2}{3}$；　(3) 0.82；　(4) $\frac{1}{6}$.

2. (1) A；　(2) D；　(3) B；　(4) B；　(5) C.

3. (1) 0.72；　(2) 0.25；　(3) $\frac{1}{6}$；　(4) 0.936.

B 类题

1. 略.　**2.** 略.　**3.** (1) 0.25；　(2) $\frac{1}{3}$.

第五节　全概率公式和贝叶斯公式

A 类题

1. (1) 0.4；　(2) 94%，$\frac{70}{94}$；　(3) $\frac{13}{48}$.

2. (1) (a) $\frac{53}{120}$； (b) $\frac{20}{53}$； (2) 0.83；

(3) (a) 记 A—第一次及格，B—第二次及格，C—至少有二次及格，则

$$P(B)=P(A)\cdot P(B/A)+P(\bar{A})\cdot P(B/\bar{A})$$
$$=P\cdot P+(1-P)\cdot\frac{P}{2}=\frac{1}{2}\cdot P(1-P),$$

所以

$$P(C)=P(A+B)=P(A)+P(B)-P(AB)$$
$$=P(A)+P(B)-P(A)\cdot P(B/A)=P+\frac{1}{2}P(1-P)-P\cdot P$$
$$=\frac{3}{2}P(1-P)$$

(b)
$$P\left(\frac{A}{B}\right)=\frac{P(AB)}{P(B)}=\frac{P\cdot P}{\frac{1}{2}P(1-P)}=\frac{2P}{1-P};$$

(4) $\frac{20}{21}$； (5) (a) 0.857；(b) 0.9977.

B 类题

1. 0.455. **2.** 可由贝叶斯公式得：$\frac{196}{197}$.

第六节 事件的独立性

A 类题

1. (1) 0.5； (2) $\frac{2}{5}$； (3) 0.6； (4) 0.496； (5) $1-(1-p)^n$；$(1-p)^n+np(1-p)^{n-1}$.

2. (1) B； (2) C； (3) D； (4) C.

3. (1) 0.104； (2) $\frac{1}{2}$； (3) 至少配备 6 门炮； (4) 0.66； (5) 0.4.

B 类题

略.

第二章 多维随机变量及其分布

第一节 二维随机变量及其分布 边缘分布

A 类题

1. (1) $\frac{\partial^2 F}{\partial x\partial y}=\begin{cases}3^{-x-y}\ln^2 3, & x\geqslant 0, y\geqslant 0,\\ 0, & \text{其他}.\end{cases}$ (2) $\frac{1}{\pi^2}$，$\frac{\pi}{2}$，$\frac{\pi}{2}$； (3) $F(b,c)-F(a,c)$；

(4) $f(x,y)=\begin{cases}6, & (0<x<1, x^2<y<x),\\ 0, & \text{其他}.\end{cases}$ (5) 1； (6) 0； (7) $\frac{21}{4}$.

2. (1) A； (2) B； (3) A； (4) B.

3. (1) $F(x,y)=\begin{cases}0, & x<0 \text{ 或 } y<0,\\ x^2y^2, & 0\leqslant x\leqslant 1, 0\leqslant y\leqslant 1,\\ y^2, & x>1,\ 0\leqslant y\leqslant 1,\\ x^2, & 0\leqslant x\leqslant 1, y>1,\\ 1, & x>1, y>1.\end{cases}$

(2) $P(X=0,Y=0)=\frac{45}{66}$, $P(X=1,Y=0)=\frac{10}{66}$, $P(X=0,Y=1)=\frac{10}{66}$, $P(X=1,Y=1)=\frac{1}{66}$.

B 类题

1. $f(x,y)$是随机变量 X 与 Y 的联合概率密度,理由是所给的函数 $f(x,y)$符合联合概率密度的条件要求.

2. (1) $k=\frac{1}{8}$; (2) $P\{X<1,Y<3\}=\frac{3}{8}$; (3) $P\{X<1.5\}=\frac{27}{32}$; (4) $P\{X+Y\leqslant 4\}=\frac{2}{3}$.

3. (1) $a=\frac{3}{\pi}$; (2) $P\{X^2+Y^2\leqslant\frac{1}{4}\}=\frac{1}{2}$.

4. (1) $P\{X=1\mid Z=0\}=\frac{4}{9}$;

(2)

Y \ X	0	1	2
0	$\frac{1}{4}$	$\frac{1}{6}$	$\frac{1}{36}$
1	$\frac{1}{3}$	$\frac{1}{9}$	0
2	$\frac{1}{9}$	0	0

C 类题

(1) $F_Y(y)=\begin{cases}0, & y<1,\\ \dfrac{y^3+18}{27}, & 1\leqslant y<2,\\ 1, & y\geqslant 2.\end{cases}$ (2) $P\{X\leqslant Y\}=\frac{8}{27}$.

第二节 随机变量的独立性

A 类题

1. (1) 0.25; (2) $\alpha+\beta=\frac{1}{3},\frac{2}{9},\frac{1}{9}$; (3) $1-\frac{1}{2e}$;

(4) $f(x_1,x_2,\cdots,x_n)=(2\pi)^{-n/2}\sigma^{-n}e^{-1/2\sigma^2\sum\limits_{i=1}^{n}(x_i-\mu)^2}$, $-\infty<x_i<+\infty$, $i=1,2,\cdots,n$;

(5) $\frac{7}{27}$, $\frac{80}{243}$; (6) $P\{X=x_i,Y=y_j\}=P\{X=x_i\}\cdot P\{Y=y_j\}$.

2. A.

3. (a)

Y \ X	1	2	3	4	$p_{\cdot j}$
1	$\frac{1}{4}$	$\frac{1}{8}$	$\frac{1}{12}$	$\frac{1}{16}$	$\frac{25}{48}$
2	0	$\frac{1}{8}$	$\frac{1}{12}$	$\frac{1}{16}$	$\frac{13}{48}$
3	0	0	$\frac{1}{12}$	$\frac{1}{16}$	$\frac{7}{48}$
4	0	0	0	$\frac{1}{16}$	$\frac{3}{48}$
$p_{i\cdot}$	$\frac{1}{4}$	$\frac{1}{4}$	$\frac{1}{4}$	$\frac{1}{4}$	1

(b) 答案含在(a)中

(2) (a) $f_X(x)=\dfrac{2}{\pi(4+x^2)},\quad -\infty<x<+\infty,$

$$f_Y(y)=\frac{3}{\pi(9+y^2)},\quad -\infty<y<+\infty$$

(b) $f(x,y)=f_X(x)f_Y(y)$,所以 X,Y 独立.

(3) (a) $f_X(x)=\begin{cases}2x^2+\dfrac{2}{3}x, & 0\leqslant x\leqslant 1,\\ 0, & \text{其他}.\end{cases}$

$$f_Y(y)=\begin{cases}\dfrac{y}{6}+\dfrac{1}{3}, & 0\leqslant y\leqslant 2,\\ 0, & \text{其他}.\end{cases}$$ X 与 Y 不相互独立.

(b) $P(X+Y\geqslant 1)=\dfrac{65}{72}$

(4) (a) $A=1$; (b) $f_X(x)=\begin{cases}e^{-x}, & x>0\\ 0, & x\leqslant 0\end{cases}$, $f_Y(y)=\begin{cases}ye^{-y}, & y>0\\ 0, & y\leqslant 0\end{cases}$;

(c) $P(X+Y\leqslant 1)=1+e^{-1}-2e^{-1/2}$.

B 类题

1. (1) C; (2) C.

2. (1) (a) $f_X(x)=\begin{cases}\displaystyle\int_{-\sqrt{R^2-x^2}}^{\sqrt{R^2-x^2}}\frac{1}{\pi R^2}dy=\frac{2\sqrt{R^2-x^2}}{\pi R^2}, & |x|\leqslant R,\\ 0, & |x|>R.\end{cases}$

$$f_Y(y)=\begin{cases}\dfrac{2}{\pi R^2}\sqrt{R^2-y^2}, & |y|\leqslant R,\\ 0, & |y|>R.\end{cases}$$

(b) $f(x,y)\neq f_X(x)f_Y(y)$,所以 X 与 Y 不相互独立.

(2) (a) $f(x,y)=\begin{cases}\frac{1}{2}e^{-y/2}, & 0<x<1, y>0,\\ 0, & \text{其他}.\end{cases}$ (b) 0.1445;

(3) $F(x,y)=F_X(x)F_Y(y)$,所以 X 与 Y 相互独立.

C 类题

(1) $f(x,y)=f_X(x)\cdot f_{Y|X}(y\mid x)=\begin{cases}\frac{9y^2}{x}, & 0<x<1, 0<y<x,\\ 0, & \text{其他}.\end{cases}$

(2) $f_Y(y)=\begin{cases}-9y^2\ln y, & 0<y<1,\\ 0, & \text{其他}.\end{cases}$ (3) $P\{X>2Y\}=\frac{1}{8}$.

第三节　两个随机变量函数的分布

A 类题

1. (1) $P\{Z=0\}=0.25, P\{Z=1\}=0.75$; (2) $\frac{5}{7}$; (3) $\frac{1}{9}$;

(4) $N(k_1\mu_1-k_2\mu_2, k_1^2\sigma_1^2+k_2^2\sigma_2^2)$.

2. (1) B; (2) A; (3) A; (4) D.

3. (1) $f_Z(z)=\begin{cases}\frac{3}{2}-\frac{3}{2}z^2, & 0<z<1,\\ 0, & \text{其他}.\end{cases}$

(2) (a) $P\{X>2Y\}=\frac{7}{24}$; (b) $f_Z(z)=\begin{cases}2z-z^2, & 0<z<1,\\ z^2-4z+4, & 1<z<2,\\ 0, & \text{其他}.\end{cases}$

B 类题

1. (1) D; (2) B; (3) D.

2. (1) $\begin{cases}\frac{1}{\sqrt{2\pi(\sigma_1^2+\sigma_2^2)}}\left[e^{-\frac{(z-\mu_1+\mu_2)^2}{2(\sigma_1^2+\sigma_2^2)}}+e^{-\frac{(-z-\mu_1+\mu_2)^2}{2(\sigma_1^2+\sigma_2^2)}}\right], & z>0,\\ 0, & z\leqslant 0.\end{cases}$

(2) $f_Z(z)=\begin{cases}0, & z\leqslant 0,\\ \frac{3}{2}e^{-3/2z}, & z>0.\end{cases}$ (3) $f_Z(z)=\begin{cases}0, & z\leqslant 0,\\ \frac{1}{2}, & 0<z\leqslant 1,\\ \frac{1}{2}z^{-2}, & z>1.\end{cases}$

(4) T 服从参数为 3θ 的指数分布.

C 类题

(1) $P(Z\leqslant\frac{1}{2}\mid X=0)=\frac{1}{2}$;

(2) $f_Z(z)=\frac{1}{3}[f_Y(z+1)+f_Y(z)+f_Y(z-1)]=\begin{cases}\frac{1}{3}, & -1\leqslant z<2,\\ 0, & \text{其他}.\end{cases}$

第三章　大数定律与中心极限定理

A类题

1. (1) $\frac{1}{9}$；　(2) $\frac{8}{n\varepsilon^2}$, $1-\frac{1}{2n}$.

2. (1) B；　(2) B；　(3) A；　(4) A.

3. (1) 可以；　(2) $P\{10<X<18\}\geqslant 1-\frac{35/3}{4^2}\approx 0.271$；

(3) $P\{Z>3\}=1-P\{Z\leqslant 3\}\approx 1-\Phi(\sqrt{1.5})=0.1112$；

(4) $P\{20-1<T<20+1\}=0.4714$；　(5) $P\{X>35\}\approx 1-\Phi(2.13)=0.0104$.

B类题

1. (1) $\frac{1}{12}$；　(2) $\Phi\left(\frac{b-np}{\sqrt{npq}}\right)-\Phi\left(\frac{a-np}{\sqrt{npq}}\right)$.

2. (1) (a) $P\{X\geqslant 85\}\approx 1-\Phi\left(-\frac{5}{3}\right)=0.952$；　(b) $n=25$；

(2) (a) $P(X=k)=C_{100}^{k}0.2^{k}\,0.8^{100-k}$, $k=0,1,\cdots,100$；　(b) $P\{14\leqslant X\leqslant 30\}\approx 0.927$；

(3) 0.719；　(4) $n\geqslant 189$；

(5) 提示：$\lim\limits_{n\to\infty}P\left\{\sum\limits_{i=1}^{n}X_i<n\right\}\geqslant\lim\limits_{n\to\infty}P\{|\overline{X}-E(\overline{X})|<1\}=1$；

(6)提示：利用切比雪夫不等式.

第四章　参数估计

第一节　参数的点估计与估计量的评选标准

A类题

1. (1) 参数,总体矩,样本矩,总体矩；　(2) 总体分布形式；

(3) $\frac{1}{n}\sum\limits_{i=1}^{n}X_i$；$\frac{1}{n}\sum\limits_{i=1}^{n}(X_i-\overline{X})^2$；　(4) $E(\hat{\theta})=\theta$；

(5) $\overline{X}=\frac{1}{n}\sum\limits_{i=1}^{n}X$；$S^2=\frac{1}{n-1}\sum\limits_{i=1}^{n}(X_i-\overline{X})^2$.

2. (1) $\hat{\theta}=\ln(\overline{X})$；　(2) (a) $\hat{p}=\overline{X}$；　(b) 极大似然估计 $\hat{p}=\overline{X}=\frac{1}{n}\sum\limits_{i=1}^{n}X_i$；

(3) (a) α 的矩估计$\hat{\alpha}=\frac{2\overline{X}-1}{1-\overline{X}}$；　(b) α 的极大似然估计 $\hat{\alpha}=-1-\frac{n}{\frac{1}{n}\sum\limits_{i=1}^{n}X_i}$；

(4) $\hat{\mu}_2$ 最好.

B类题

1. 16.

2. (1) (a) $\hat{\theta}=2\overline{X}$;　(b) $D(\hat{\theta})=\frac{\theta^2}{5n}$;　(2)证明过程略;　(3) $C=\frac{1}{2(n-1)}$;

(4) $k_1=\frac{1}{3}$, $k_2=\frac{2}{3}$;

(5) (a) θ_1,θ_2 的矩估计量为 $\begin{cases}\hat{\theta}_2=\sqrt{\frac{1}{n}\sum_{i=1}^{n}X_i^2-\overline{X}^2}=\sqrt{S_n^2}=S_n,\\ \hat{\theta}_1=\overline{X}-S_n\end{cases}$

其中 $S_n^2=\frac{1}{n}\sum_{i=1}^{n}(X_i-\overline{X})^2$;

(b) θ_1,θ_2 的极大似然估计量为 $\hat{\theta}_1=\min\limits_{1\leqslant i\leqslant n}(X_i)$, $\hat{\theta}_2=\overline{X}-\min\limits_{1\leqslant i\leqslant n}(X_i)$.

第二节　参数的区间估计

A类题

1. (1) (4.412, 5.588);　(2) $\left(\bar{x}-\frac{s}{\sqrt{n}}t_{\alpha/2}(n-1),\ \bar{x}+\frac{s}{\sqrt{n}}t_{\alpha/2}(n-1)\right)$;

(3) $\left(\frac{(n-1)S^2}{\chi^2_{\alpha/2}(n-1)},\ \frac{(n-1)S^2}{\chi^2_{1-\alpha/2}(n-1)}\right)$;　(4) $\frac{\sum_{i=1}^{n}(X_i-\overline{X})^2}{\chi^2_{1-\alpha}(n-1)}$;

(5) $$\left(F_{1-\alpha/2}(n_1-1,n_2-1)\frac{(n_2-1)\sum_{i=1}^{n}(X_i-\mu_1)^2}{(n_1-1)\sum_{i=1}^{n}(Y_i-\mu_2)^2},\right.$$
$$\left.F_{\alpha/2}(n_1-1,n_2-1)\frac{(n_2-1)\sum_{i=1}^{n}(X_i-\mu_1)^2}{(n_1-1)\sum_{i=1}^{n}(Y_i-\mu_2)^2}\right).$$

2. (1) (8.59, 9.01);　(2) (3.204, 3.396);

(3) (a) (500.5, 507.1);　(b) (20.99, 92.16);　(4) (35.87, 252.44).

B类题

1. $\left(\overline{X}_1-\overline{X}_2-u_{\alpha/2}\sqrt{\frac{\sigma_1^2}{n_1}+\frac{\sigma_2^2}{n_2}},\overline{X}_1-\overline{X}_2+u_{\alpha/2}\sqrt{\frac{\sigma_1^2}{n_1}+\frac{\sigma_2^2}{n_2}}\right)$.

2. (0.010, 0.018).

3. (a) $\bar{x}+u_\alpha\cdot\frac{\sigma}{\sqrt{n}}=6.33$;　(b) $\bar{x}+t_\alpha(n-1)\cdot\frac{s}{\sqrt{n}}=6.356$.

概率论与数理统计练习与提高

（二）

GAILÜLUN YU SHULI TONGJI LIANXI YU TIGAO

刘鲁文　黄娟　乔梅红　主编

图书在版编目(CIP)数据

概率论与数理统计练习与提高:全2册/刘鲁文,黄娟,乔梅红主编.—武汉:中国地质大学出版社,2018.6(2022.8重印)

ISBN 978-7-5625-4263-6

Ⅰ.①概…

Ⅱ.①刘…②黄…③乔…

Ⅲ.①概率论-高等学校-教学参考资料②数理统计-高等学校-教学参考资料

Ⅳ.①O21

中国版本图书馆CIP数据核字(2018)第078986号

概率论与数理统计练习与提高 刘鲁文 黄娟 乔梅红 **主编**

责任编辑:谌福兴 郑济飞 责任校对:徐蕾蕾

出版发行:中国地质大学出版社(武汉市洪山区鲁磨路388号) 邮政编码:430074

电 话:(027)67883511 传真:67883580 E-mail:cbb@cug.edu.cn

经 销:全国新华书店 http://cugp.cug.edu.cn

开本:787毫米×1092毫米 1/16 字数:250千字 印张:9.75

版次:2018年6月第1版 印次:2022年8月第5次印刷

印刷:武汉市籍缘印刷厂

ISBN 978-7-5625-4263-6 定价:28.00元(全2册)

前　言

为了便于在教学中教师批阅和学生使用，本书分为第一分册和第二分册。

第一分册包括随机事件及其概率、多维随机变量及其分布、大数定律与中心极限定理与参数估计。

第二分册包括随机变量及其分布、随机变量的数字特征、样本与抽样分布与假设检验。各章配有习题，书末附有答案。

本书可作为高等学校工科概率论与数理统计课程的教学习题参考书。

本书编写工作由乔梅红负责前言、随机事件及其概率、随机变量及其分布，黄娟负责多维随机变量及其分布、随机变量的数字特征、大数定律与中心极限定理，刘鲁文负责样本与抽样分布、参数估计和假设检验。

限于编者水平，同时编写时间也比较仓促，书中一定存在不妥之处，希望广大读者批评和指正。

编　者

2018年5月

目　录

第一章　随机变量及其分布

第一节　离散型随机变量及其分布函数

1. 随机变量

$X(\omega)$是定义在样本空间上的实值单值函数，且事件$\{X(\omega)\leqslant x\}$有确定的概率.

2. 分布函数

$F(x)=P\{X\leqslant x\}$具有以下性质：

(1)$0\leqslant F(x)\leqslant 1$；　　(2)若$x_1\leqslant x_2$，则$F(x_1)\leqslant F(x_2)$；

(3)$\lim\limits_{x\to-\infty}F(x)=0,\lim\limits_{x\to+\infty}F(x)=1$；　　(4)$P(a<X\leqslant b)=F(b)-F(a)$.

3. 离散型随机变量

(1)概率分布 $P(X=x_i)=p_i,i=1,2,\cdots$；

(2)概率分布的性质 $0\leqslant p_i\leqslant 1,i=1,2,\cdots,\sum\limits_{i=1}^{\infty}p_i=1,F(x)=\sum\limits_{x_i\leqslant x}p_i$；

(3)常见分布：两点分布，二项分布，泊松分布.

例 1　把 4 封信随机地投入 4 个空信箱，随机变量 X 表示投信后所剩的空信箱的数目，则其分布函数 $F(x)=$____________________.

解：要求分布函数，先求概率分布. 每封信都有 4 种投法，样本点总数为 4^4. X 可能的取法只有 4 种：0，1，2，3，只须算 X 取这 4 个值的概率.

$$P(X=0)=\frac{4!}{4^4}=\frac{3}{32},P(X=1)=\frac{C_4^1C_4^2 3!}{4^4}=\frac{9}{16}$$

$$P(X=2)=\frac{C_4^2(C_4^2+C_4^1\times 2)}{4^4}=\frac{21}{64},P(X=3)=\frac{C_4^1}{4^4}=\frac{1}{64}$$

由分布函数定义，可得

$$F(x)=\begin{cases}0, & x<0,\\ \dfrac{3}{32}, & 0\leqslant x<1,\\ \dfrac{21}{32}, & 1\leqslant x<2,\\ \dfrac{63}{64}, & 2\leqslant x<3,\\ 1, & x\geqslant 3.\end{cases}$$

例 2 一批产品有 50 件,其中有 8 件次品、42 件正品. 现从中取出 6 件,令:X 为取出 6 件产品中的次品数. 则 X 就是一个随机变量. 它的取值为 0,1,2,…,6. $\{X=0\}$表示取出的产品全是正品这一随机事件;$\{X\geqslant 1\}$表示取出的产品至少有一件是次品这一随机事件.

例 3 将 1 枚硬币掷 3 次,令:X 为出现的正面次数与反面次数之差. 试求 X 的分布律.

解:X 的取值为-3,-1,1,3. 并且

X	-3	-1	1	3
P	$\frac{1}{8}$	$\frac{1}{8}$	$\frac{1}{8}$	$\frac{1}{8}$

例 4 设随机变量 X 的分布律为

$$P\{X=n\}=c\left(\frac{1}{4}\right)^n \quad (n=1,2,\cdots,\infty)$$

试求常数 c.

解:由离散型随机变量的性质,得

$$1=\sum_{n=1}^{\infty}P\{X=n\}=\sum_{n=1}^{\infty}c\left(\frac{1}{4}\right)^n$$

该级数为等比级数,故有

$$1=\sum_{n=1}^{\infty}P\{X=n\}=\sum_{n=1}^{\infty}c\left(\frac{1}{4}\right)^n=c\cdot\frac{\frac{1}{4}}{1-\frac{1}{4}}$$

所以 $c=3$.

例 5 15 件产品中有 4 件次品、11 件正品. 从中取出 1 件,令 X 为取出的一件产品中的次品数. 则 X 的取值为 0 或者 1,并且$P\{X=0\}=\frac{11}{15}$, $P\{X=1\}=\frac{4}{15}$.

即 $X\sim B\left(1,\ \frac{4}{15}\right)$.

例 6 一张考卷上有 5 道选择题,每道题列出 4 个可能答案,其中只有一个答案是正确的. 某学生靠猜测至少能答对 4 道题的概率是多少?

解：每答一道题相当于做一次伯努利试验，$A=\{$答对一题$\}$，$P(A)=\frac{1}{4}$，则答 5 道题相当于做 5 重伯努利试验. 记 X 为答对的题目数，则 $X\sim B(5,\frac{1}{4})$.

所以
$$P\{X\geqslant 4\}=P\{X=4\}+P\{X=5\}=C_5^4\left(\frac{1}{4}\right)^4\cdot\frac{3}{4}+\left(\frac{1}{4}\right)^5=\frac{1}{64}.$$

A 类题

1. 填空题

(1)某射手每次击中目标的概率为 0.8，如果独立射击了 3 次，则 3 次中命中目标次数为 k 的概率 $P(X=k)=$____________.

(2)若随机变量 X 服从泊松分布 $P(3)$，则 $P(X\geqslant 2)=$____________.

(3)设 X 服从参数为 p 的两点分布，则 X 的分布函数为____________.

(4)若随机变量 X 的概率函数为 $P(X=k)=c\cdot 2^{-k}(k=1,2,3,4)$，则 $c=$____________.

(5)设随机变量 X 的分布函数为 $F(x)=\begin{cases}0, & x<-1,\\ 0.4, & -1\leqslant x<1,\\ 0.8, & 1\leqslant x<3,\\ 1, & x\geqslant 3.\end{cases}$ 则 X 的概率分布为____________.

2. 选择题

(1)设离散型随机变量 X 的分布律为 $P(X=k)=b\lambda^k(k=1,2,\cdots)$，且 $b>0$，则 λ 为(　　).

(A)$\lambda>0$ 的任意实数　　(B)$\lambda=\frac{1}{b+1}$

(C)$\lambda=b+1$　　(D)$\lambda=\frac{1}{b-1}$

(2)设 $F_1(x)$ 与 $F_2(x)$ 分别为随机变量 X_1 和 X_2 的分布函数，为使 $F(x)=aF_1(x)-bF_2(x)$ 是某一随机变量 X 的分布函数，则下列答案应选择(　　).

(A)$a=\frac{3}{5},b=-\frac{2}{5}$　　(B)$a=\frac{2}{3},b=\frac{2}{3}$

(C)$a=-\frac{1}{2},b=\frac{3}{2}$　　(D)$a=\frac{1}{2},b=-\frac{3}{2}$

3. 计算下列各题

(1)袋中有 10 个球,分别编号为 1～10,从中任取 5 个球,令 X 表示取出 5 个球的最大号码,试求 X 的分布列.

(2)袋中有 6 个球,分别标有数字 1,2,2,2,3,3,从中任取一个球,令 X 为取出的球的号码,试求 X 的分布列及分布函数.

(3)设随机变量 X 的分布律为 $P(X=k)=\frac{k}{15}$, $k=1,2,3,4,5$.

求:(a)$P(\frac{1}{2}<X<\frac{5}{2})$;(b)$P(1\leqslant x\leqslant 3)$;(c)$P(X>3)$.

(4)在一座写字楼内有 5 套供水设备,任一时刻每套供水设备被使用的概率都为0.1,且各设备的使用是相互独立的.求在同一时刻被使用的供水设备套数的概率分布,并计算下列事件的概率:(a)恰有两套设备被同时使用;(b)至少有 3 套设备被同时使用;(c)至少有 1 套设备被使用.

B类题

1. 同时掷 2 枚骰子，直到一枚骰子出现 6 点为止，试求抛掷次数 X 的概率分布律.

2. 在汽车行进路上有 4 个十字路口设有红绿灯，假定在第一、第三个路口汽车遇绿灯通行的概率为 6.0，在第二、第四个路口通行的概率为 5.0，并且各十字路口红绿灯信号是相互独立的，求该汽车在停下时，已通过的十字路口数的概率分布.

3. 设 $F_1(x)$ 和 $F_2(x)$ 都是分布函数，又 $a>0, b>0$ 是两个常数，且 $a+b=1$，求证：$F(x)=aF_1(x)+bF_2(x)$ 也是分布函数.

第二节 连续型随机变量及其分布函数

1. 概率密度函数

非负函数 $f(x)$ 使得分布函数 $F(x)=\int_{-\infty}^{x} f(t)\mathrm{d}t$.

2. 概率密度函数的性质

(1) $f(x)\geqslant 0, -\infty < x < +\infty$.

(2) $\int_{-\infty}^{+\infty} f(x)\mathrm{d}x = 1$.

(3) $P(a<x\leqslant b)=P(a\leqslant x<b)=P(a\leqslant x\leqslant b)=F(b)-F(a)=\int_a^b f(x)\mathrm{d}x$；

$P(X<a)=P(X\leqslant a)=F(a),P(X\geqslant a)=P(X>a)=1-F(a)$.

(4)若 $f(x)$在点 x 处连续,则 $F'(x)=f(x)$.

3. 常见分布

均匀分布、指数分布、正态分布.

例 1 已知随机变量 X 的分布函数为 $F(x)=A+B\arctan x,-\infty<x<+\infty$,则系数 A =__________；B=__________；$P(-1<X<1)$=__________；X 的概率密度 $f(x)$ __________.

解:由分布函数的性质 $F(-\infty)=0,F(+\infty)=1$,可知$\begin{cases}A+B(-\frac{\pi}{2})=0\\A+B(\frac{\pi}{2})=1\end{cases}\Rightarrow A=\frac{1}{2},B=\frac{1}{\pi}$.

$$P(-1<X<1)=F(1)-F(-1)=\frac{1}{2}$$

$$f(x)=F'(x)=(\frac{1}{2}+\frac{1}{\pi}\arctan x)'=\frac{1}{\pi(1+x^2)},-\infty<x<+\infty$$

例 2 一个靶子是半径为 2m 的圆盘,设击中靶上任一同心圆盘上的点的概率与该圆盘的面积成正比,并设射击都能中靶,以 X 表示弹着点与圆心的距离. 试求随机变量 X 的分布函数.

解:(1)若 $x<0$, 则$\{X\leqslant x\}$是不可能事件,于是 $F(x)=P\{X\leqslant x\}=P(\varnothing)=0$.

(2)若 $0\leqslant x\leqslant 2$,由题意,$P(0\leqslant X\leqslant x)=kx^2$. 因为 $x=2$ 时,$p(0\leqslant X\leqslant x)=k2^2=1$ 是必然事件,所以 $k=\frac{1}{4}$,于是

$$F(X)=P\{X\leqslant x\}=P\{X<0\}+P\{0\leqslant X\leqslant x\}=\frac{x^2}{4}$$

(3)若 $x\geqslant 2$,则$\{X\leqslant x\}$是必然事件,于是 $F(x)=P\{X\leqslant x\}=1$.

$$F(x)=\begin{cases}0, & x<0,\\ \frac{x^2}{4}, & 0\leqslant x<2,\\ 1, & x\geqslant 2.\end{cases}$$

A 类题

1. 填空题

(1)已知连续型随机变量 X 的分布函数为 $F(x)=\begin{cases}A+Be^{-2x}, & x>0,\\ 0, & x\leqslant 0.\end{cases}$ 则 $A=$________；$B=$________；$P(\frac{1}{2}<x<2)=$________；$f(x)=$________.

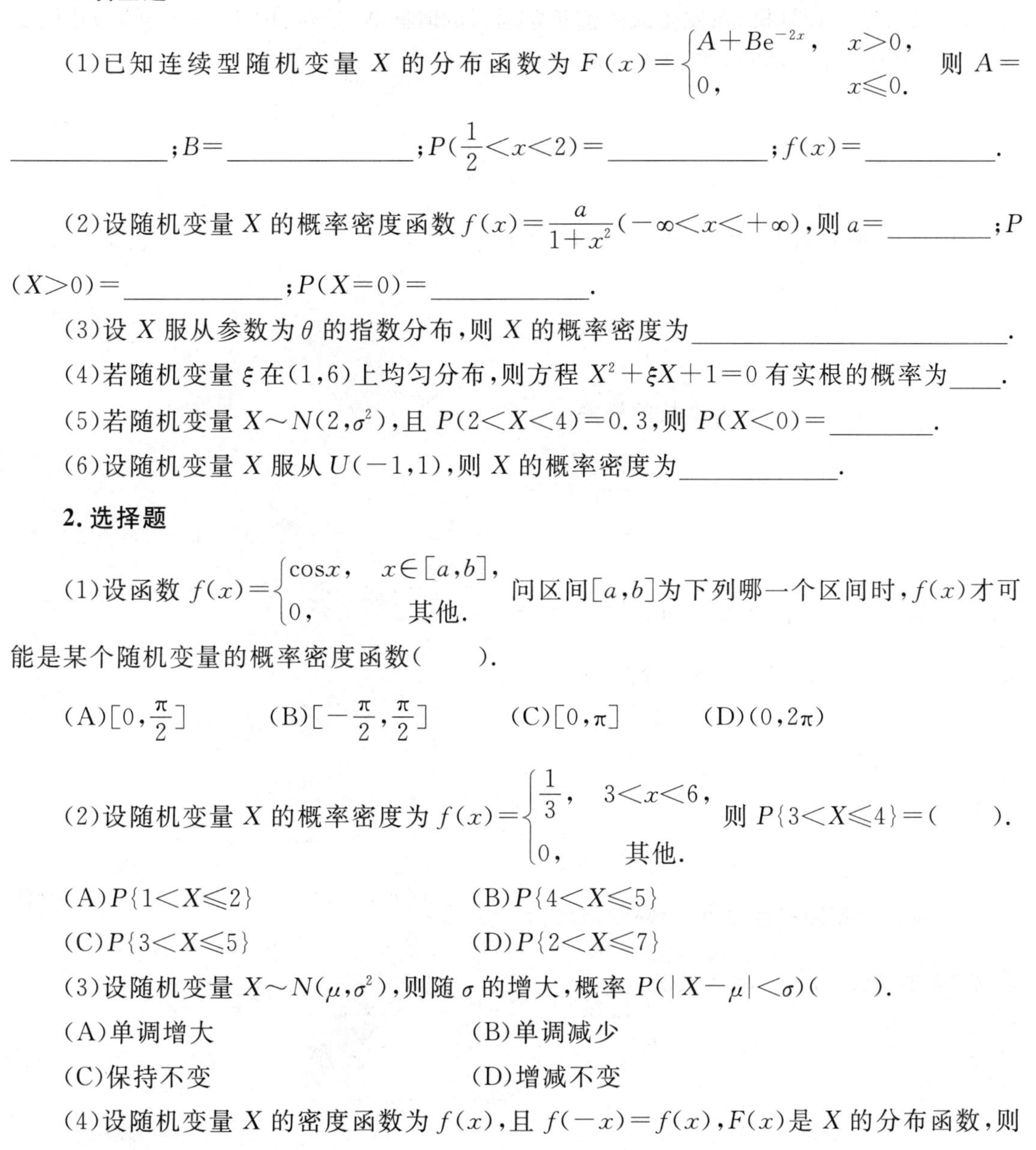

(2)设随机变量 X 的概率密度函数 $f(x)=\frac{a}{1+x^2}(-\infty<x<+\infty)$，则 $a=$________；$P(X>0)=$________；$P(X=0)=$________.

(3)设 X 服从参数为 θ 的指数分布，则 X 的概率密度为________.

(4)若随机变量 ξ 在(1,6)上均匀分布，则方程 $X^2+\xi X+1=0$ 有实根的概率为____.

(5)若随机变量 $X\sim N(2,\sigma^2)$，且 $P(2<X<4)=0.3$，则 $P(X<0)=$________.

(6)设随机变量 X 服从 $U(-1,1)$，则 X 的概率密度为________.

2. 选择题

(1)设函数 $f(x)=\begin{cases}\cos x, & x\in[a,b],\\ 0, & 其他.\end{cases}$ 问区间$[a,b]$为下列哪一个区间时，$f(x)$才可能是某个随机变量的概率密度函数(　　).

(A)$[0,\frac{\pi}{2}]$　　(B)$[-\frac{\pi}{2},\frac{\pi}{2}]$　　(C)$[0,\pi]$　　(D)$(0,2\pi)$

(2)设随机变量 X 的概率密度为 $f(x)=\begin{cases}\frac{1}{3}, & 3<x<6,\\ 0, & 其他.\end{cases}$ 则 $P\{3<X\leqslant 4\}=$(　　).

(A)$P\{1<X\leqslant 2\}$　　(B)$P\{4<X\leqslant 5\}$

(C)$P\{3<X\leqslant 5\}$　　(D)$P\{2<X\leqslant 7\}$

(3)设随机变量 $X\sim N(\mu,\sigma^2)$，则随 σ 的增大，概率 $P(|X-\mu|<\sigma)$(　　).

(A)单调增大　　(B)单调减少

(C)保持不变　　(D)增减不变

(4)设随机变量 X 的密度函数为 $f(x)$，且 $f(-x)=f(x)$，$F(x)$是 X 的分布函数，则对任意实数 a 有(　　).

(A) $F(-a)=1-\int_0^a f(x)dx$　　(B) $F(-a)=\frac{1}{2}-\int_0^a f(x)dx$

(C)$F(-a)=F(a)$　　(D)$F(-a)=2F(a)-1$

(5)设随机变量 X 服从正态分布 $N(\mu_1,\sigma_1^2)$，Y 服从正态分布 $N(\mu_2,\sigma_2^2)$，且 $P\{|X-\mu_1|<1\}>P\{|Y-\mu_2|<1\}$，则必有(　　).

(A)$\sigma_1<\sigma_2$　　　　(B)$\sigma_1>\sigma_2$

(C)$\mu_1<\mu_2$　　　　(D)$\mu_1>\mu_2$

3. 计算下列各题

(1)某台电子计算机，在发生故障前正常运行的时间 X(单位：h)是一个连续型随机变量且 X 服从参数 $\theta=10000$ 的指数分布，求：

(a)概率密度；

(b)正常运行时间 50～100h 之间的概率；

(c)运行 100h 尚未发生事故的概率.

(2)设随机变量 X 的分布函数为 $F(x)=\begin{cases}1-(1+x)e^{-x}, & x\geqslant 0,\\ 0, & x<0.\end{cases}$

求：(a)$P(X\geqslant 1)$；(b)X 的密度函数.

(3)设连续型随机变量 X 的密度函数为 $f(x)=\begin{cases}kx^2, & 0<x<1,\\ 0, & \text{其他}.\end{cases}$

求：(a)常数 k；(b)$P(0.3<X<2)$.

(4)设随机变量 X 的分布函数为 $F(x)=A+B\arctan x$，$-\infty<x<+\infty$，试求：(a)系数 A 与 B；(b)$P(-1<X\leqslant 1)$；(c)X 的概率密度函数.

B 类题

1. 在半径为 R，球心为 O 的球内任取一点 P，设取任一同心球内的点的概率与该球的体积成正比，记 X 为点 O 与 P 的距离，求 X 的分布函数及概率密度.

2. 某年某地高等学校学生入学考试的数学成绩 X 近似地服从正态分布 $N(65,10^2)$，若 85 分以上为优秀，问数学成绩优秀的学生大致占总人数的百分之几？

3. 设随机变量 X 的概率密度为 $f(x)=\begin{cases}2x, & 0<x<1,\\ 0, & \text{其他}.\end{cases}$ 以 Y 表示对 X 进行 3 次独立试验中 $\{X\leqslant\frac{1}{2}\}$ 出现的次数，求概率 $P(Y=2)$.

第三节　随机变量函数的分布

随机变量函数的分布

(1) X 为离散型随机变量，其概率分布为 $P(X=x_i)=p_i, i=1,2,\cdots$，则 X 的函数 $Y=g(X)$ 的概率分布：

(a)当 $y_i=g(x_i)$的各值 y_i 互不相等时,Y 的概率分布为 $P(Y=y_i)=p_i, i=1,2,\cdots$;

(b)当 $y_i=g(x_i)$的各值 y_i 不是互不相等时,应把相等的值分别合并,并相应地将其概率相加,Y 的概率分布为

$$P(Y=y_i)=\sum_{g(x_j)=y_i} P(X=x_j), i,j=1,2,\cdots$$

(2)X 为连续型随机变量,其概率密度为 $f_X(x)$则 X 的函数 $Y=g(X)$的概率密度 $f_Y(y)$可用如下方法求:

(a)公式法

若 $y=g(x)$单调可导,其反函数为 $x=g^{-1}(y)$,则

$$f_Y(y)=\begin{cases} f_X\{g^{-1}(y)\}\cdot\left|\{g^{-1}(y)\}'\right|, & \alpha<y<\beta, \\ 0, & 其他. \end{cases}$$

其中 $\alpha=\min\{g(-\infty),g(+\infty)\}$,$\beta=\max\{g(-\infty),g(+\infty)\}$.

若 $y=g(x)$不单调,则可把$(-\infty,+\infty)$分成若干个小区间 Δ_i,使得 $y=g(x)$在小区间 Δ_i 上单调,其反函数为 $x=g_i^{-1}(y)$,则

$$f_Y(y)=\begin{cases} \sum_i f_X\{g_i^{-1}(y)\}\cdot\left|\{g_i^{-1}(y)\}'\right|, & y=g(x), \\ 0, & 其他. \end{cases}$$

(b)分布函数法

先求出 Y 的分布函数 $F_Y(y)=P(Y\leqslant y)=P\{g(X)\leqslant y\}=\int\limits_{g(x)\leqslant y} f_X(x)\mathrm{d}x$,再将两边对 y 求导,即得 Y 的概率密度 $f_Y(y)$.

典型例题

例 1 随机变量 X 的分布为 $P(X=-2)=0.5$,$P(X=0)=0.2$,$P(X=2)=0.3$,则 $Y=X^2$的概率分布为____________________.

解:$y=x^2$ 的可能值为 0 和 4,

$$P(Y=0)=P(X=0)=0.2,$$
$$P(Y=4)=P(X=-2)+P(X=2)=0.8.$$

例 2 随机变量 X 的概率密度为 $f_X(x)=\begin{cases} x^3\mathrm{e}^{-x^2}, & x\geqslant 0, \\ 0, & x<0. \end{cases}$ 则 $Y=X^2$ 的概率密度为____________________.

解:$y=x^2$ 的反函数为 $x_1=\sqrt{y}$或者 $x_2=-\sqrt{y}<0$,$x_1'=\dfrac{1}{2\sqrt{y}}$,$x_2'=-\dfrac{1}{2\sqrt{y}}$.因此

$$f_Y(y)=f_X(\sqrt{y})\left|(\sqrt{y})'_y\right|+f_X(-\sqrt{y})\left|(-\sqrt{y})'_y\right|=\frac{1}{2}y\mathrm{e}^{-y}(y>0)$$

故
$$f_Y(y)=\begin{cases}\frac{1}{2}ye^{-y}, & y>0,\\ 0, & y\leqslant 0.\end{cases}$$

例 3　设随机变量 X 具有以下的分布律，试求 $Y=(X-1)^2$ 的分布律.

Y	-1	0	1	2
p_k	0.2	0.3	0.1	0.4

解：Y 有可能取的值为 0，1，4. 且 $Y=0$ 对应于 $(X-1)^2=0$，解得 $X=1$，所以，

$$P\{Y=0\}=P\{X=1\}=0.1$$

同理，

$$P\{Y=1\}=P\{X=0\}+P\{X=2\}=0.3+0.4=0.7$$
$$P\{Y=4\}=P\{X=-1\}=0.2$$

所以，$Y=(X-1)^2$ 的分布律为：

Y	0	1	4
p_k	0.1	0.7	0.2

例 4　设 X 是连续型随机变量，其密度函数为

$$f(x)=\begin{cases}c(4x-2x^2), & 0<x<2,\\ 0, & \text{其他}.\end{cases}$$

求(1)常数 c；(2)$P\{X>1\}$.

解：(1)由密度函数的性质 $\int_{-\infty}^{+\infty}f(x)\mathrm{d}x=1$

$$1=\int_{-\infty}^{+\infty}f(x)\mathrm{d}x=\int_{-\infty}^{0}f(x)\mathrm{d}x+\int_{0}^{2}f(x)\mathrm{d}x+\int_{2}^{+\infty}f(x)\mathrm{d}x$$
$$=\int_{0}^{2}c(4x-2x^2)\mathrm{d}x$$
$$=c\left(2x^2-\frac{2}{3}x^3\right)\bigg|_{0}^{2}=\frac{8}{3}c$$
$$c=\frac{3}{8}.$$

(2) $$P\{X>1\}=\int_{1}^{+\infty}f(x)\mathrm{d}x=\int_{1}^{2}f(x)\mathrm{d}x+\int_{2}^{+\infty}f(x)\mathrm{d}x=\int_{1}^{2}\frac{3}{8}(4x-2x^2)\mathrm{d}x$$
$$=\frac{3}{8}\left(2x^2-\frac{2}{3}x^3\right)\bigg|_{1}^{2}=\frac{1}{2}.$$

例 5　某电子元件的寿命(单位：h)是以

$$f(x)=\begin{cases}0, & x\leqslant 100\\ \frac{100}{x^2}, & x>100\end{cases}$$ 为密度函数的连续型随机变量. 求 5 个同类

型的元件在使用的前150h内恰有2个需要更换的概率.

解:设:A={某元件在使用的前150h内需要更换},则

$$P(A)=P\{X\leqslant 150\}=\int_{-\infty}^{150}f(x)\mathrm{d}x=\int_{100}^{150}\frac{100}{x^2}\mathrm{d}x=\frac{1}{3}$$

检验5个元件的使用寿命可以看作是在做一个5重伯努利试验. B={5个元件中恰有2个的使用寿命不超过150h},则

$$P(B)=C_5^2\times\left(\frac{1}{3}\right)^2\times\left(\frac{2}{3}\right)^3=\frac{80}{243}.$$

A类题

1. 填空题

(1)设 $X\sim N(\mu,\sigma^2)$,则 $Y=\dfrac{X-\mu}{\sigma}$服从的分布为____________.

(2)设 $X\sim N(\mu,\sigma^2)$,则 $Y=aX+b$ 服从的分布为____________.

(3)设 $X\sim N(0,1)$,则 $Y=X^2$ 的概率密度函数是____________.

(4)设随机变量 X 服从(0,2)上的均匀分布,则随机变量 $Y=X^2$ 在(0,4)内的概率密度 $f_Y(y)$为____________.

2. 选择题

(1)设随机变量 X 的分布函数为 $F(x)$,则随机变量 $Y=2X+1$ 的分布函数 $G(y)$是(　　).

(A)$G(y)=F(\frac{1}{2}y-\frac{1}{2})$

(B)$G(y)=F(\frac{1}{2}y+1)$

(C)$G(y)=2F(y)+1$

(D)$G(y)=\frac{1}{2}F(y)-\frac{1}{2}$

(2)已知随机变量 X 的密度函数为 $f(x)=\begin{cases}\dfrac{1}{x-1}, & 2<x<e+1,\\ 0, & \text{其他}.\end{cases}$ 则随机变量 $Y=X^2$的密度函数为(　　).

(A) $f_Y(y)=\begin{cases}\dfrac{1}{(y-1)^2}, & 4<y<(\mathrm{e}+1)^2\\ 0, & \text{其他}\end{cases}$

(B) $f_Y(y)=\begin{cases}\dfrac{1}{2\sqrt{y}}, & 2<y<\sqrt{\mathrm{e}+1}\\ 0, & \text{其他}\end{cases}$

(C) $f_Y(y)=\begin{cases}\dfrac{1}{2\sqrt{y}(\sqrt{y}-1)}, & 4<y<(e+1)^2\\ 0, & \text{其他}\end{cases}$

(D) $f_Y(y)=\begin{cases}\dfrac{1}{\sqrt{y}}, & 2<y<\sqrt{e+1}\\ 0, & \text{其他}\end{cases}$

(3)设随机变量 X 的密度函数是 $f_X(x)=\dfrac{1}{\pi(1+x^2)}$，则 $Y=2X$ 的密度函数是(　).

(A) $f_Y(y)=\dfrac{1}{\pi(1+4y^2)}$　　(B) $f_Y(y)=\dfrac{2}{\pi(4+y^2)}$

(C) $f_Y(y)=\dfrac{1}{\pi(1+y^2)}$　　(D) $f_Y(y)=\dfrac{1}{\pi}\arctan y$

3. 计算下列各题

(1)设随机变量 ξ 的分布律如下表，求：(a) $\eta=\xi^2$ 的分布律；(b) $\eta=\cos\xi$ 的分布律.

ξ	$-\frac{\pi}{2}$	0	$\frac{\pi}{2}$	π
P	0.2	0.3	0.4	0.1

(2)设随机变量 X 在(0,1)上服从均匀分布，求：(a) $Y=e^X$；(b) $Z=-2\ln X$ 的密度函数.

(3)设 $X\sim N(0,1)$，求：(a) $Y=e^X$；(b) $W=|X|$ 的密度函数.

(4)设某球直径的测量值为随机变量 ξ，若已知 ξ 在 $[a,b]$ 上服从均匀分布，求该球体积 $\eta=\dfrac{\pi}{6}\xi^3$ 的概率密度.

B 类题

1. 设随机变量 ξ 服从$\left[-\frac{\pi}{2},\frac{\pi}{2}\right]$上的均匀分布,求随机变量 $\eta=\sin\xi$ 的分布密度$f(x)$.

2. 将长度为 $2a$ 的直线随机分成两部分,求以这两部分为长和宽的矩形面积小于$\frac{a^2}{2}$的概率.

3. 设随机变量 ξ 服从 $N(0,1)$,求随机变量 $\eta=|\xi|$ 的概率分布密度.

4. 设随机变量 X 服从参数为 0.5 的指数分布,求证 $Y=1-e^{-2x}$ 在区间$(0,1)$服从均匀分布.

第二章　随机变量的数字特征

第一节　数学期望与方差

1. 随机变量的数学期望

(1)若 X 是离散型随机变量,概率分布为 $P\{X=x_i\}=p_i, i=1,2,\cdots$,则 X 的数学期望为

$$E(X)=\sum_i x_i p_i$$

X 的连续函数 $g(X)$ 的数学期望为

$$E\{g(X)\}=\sum_i g(x_i)p_i$$

(2)若 X 是连续型随机变量,概率密度为 $f(x)$,则 X 的数学期望为

$$E(X)=\int_{-\infty}^{+\infty} xf(x)\mathrm{d}x$$

X 的连续函数 $g(X)$ 的数学期望为

$$E\{g(X)\}=\int_{-\infty}^{+\infty} g(x)f(x)\mathrm{d}x$$

2. 数学期望的性质

(1)$E(c)=c$,c 为实常数.

(2)$E(kX)=kE(X)$,k 为实常数.

(3)$E(X+Y)=E(X)+E(Y)$.

(4)若 X 与 Y 相互独立,则 $E(XY)=E(X)E(Y)$.

3. 随机变量的方差

(1)若 X 是离散型随机变量,概率分布为 $P\{X=x_i\}=p_i, i=1,2,\cdots$,则 X 的方差为

$$D(X)=\sum_i \{x_i-E(X)\}^2 p_i$$

若 X 是连续型随机变量,概率密度为 $f(x)$,则 X 的方差为

$$D(X)=\int_{-\infty}^{+\infty}\{x-E(X)\}^2 f(x)\mathrm{d}x$$

(2)计算公式:

$$D(X)=E(X^2)-\{E(X)\}^2$$

4. 方差的性质

(1)$D(c)=0$,c 为实常数.

(2)$D(kX+b)=k^2D(X)$,k,b 为实常数.

(3)$D(X\pm Y)=D(X)+D(Y)\pm 2E[(X-EX)(Y-EY)]$.

(4)若 X 与 Y 相互独立,$D(X\pm Y)=D(X)+D(Y)$.

5. 常见分布的期望与方差

(1)$X\sim(0-1)$分布.

$$P(X=0)=p,P(X=1)=q,$$

其中 $$p+q=1,E(X)=p,D(X)=pq.$$

(2)$X\sim B(n,p)$二项分布

$$P(X=k)=C_n^k p^k q^{n-k},\text{其中 } p+q=1,E(X)=np,D(X)=npq.$$

(3)$X\sim P(\lambda)$泊松分布

$$P(X=k)=\frac{\lambda^k}{k!}e^{-\lambda}(k=0,1,2,\cdots),E(X)=\lambda,D(X)=\lambda.$$

(4)X 在(a,b)上服从均匀分布

$$f(x)=\begin{cases}\dfrac{1}{b-a}, & a<x<b,\\ 0, & \text{其他}.\end{cases}\quad E(X)=\frac{a+b}{2},D(X)=\frac{(b-a)^2}{12}.$$

(5)X 服从参数 θ 的指数分布

$$f(x)=\begin{cases}\dfrac{1}{\theta}\mathrm{e}^{-1/\theta x}, & x>0,\\ 0, & \text{其他},\end{cases}\quad \theta>0,E(X)=\theta,\ D(X)=\theta^2.$$

(6)$X\sim N(\mu,\sigma^2)$正态分布

$$f(x)=\frac{1}{\sqrt{2\pi}\sigma}\mathrm{e}^{-\frac{(x-\mu)^2}{2\sigma^2}},-\infty<x<+\infty,E(X)=\mu,D(X)=\sigma^2.$$

特别,$X\sim N(0,1)$标准正态分布,$E(X)=0$,$D(X)=1$.

(7)$(X,Y)\sim N(\mu_1,\mu_2,\sigma_1^2,\sigma_2^2,\rho)$二维正态分布

$$E(X)=\mu_1,D(X)=\sigma_1^2,E(Y)=\mu_2,D(Y)=\sigma_2^2,\rho_{XY}=\rho.$$

6. 标准化随机变量

若随机变量 X 有期望 $E(X)$,方差 $D(X)\neq 0$,则

$$X^*=\frac{X-E(X)}{\sqrt{D(X)}}$$ 称为 X 的标准化随机变量,X^* 的期望为 0,方差为 1.

例 1　设随机变量 X 与 Y 相互独立，$X \sim N(1,\sqrt{2}^2)$，$Y \sim N(0,1)$，$Z=2X-Y+3$，求 Z 的概率密度 $f_Z(z)$.

解: 由于随机变量 X 与 Y 相互独立，并且都服从正态分布，所以随机变量 Z 也服从正态分布 $N(\mu,\sigma^2)$，由期望和方差的性质，可得

$$E(Z)=E(2X-Y+3)=2E(X)-E(Y)+3=5$$
$$D(Z)=D(2X-Y+3)=4D(X)+D(Y)+0=9$$

又因 $Z \sim N(\mu,\sigma^2)$，所以 $E(Z)=\mu$，$D(Z)=\sigma^2$，所以 $Z \sim N(5,3^2)$，则 Z 的概率密度

$$f_Z(z)=\frac{1}{3\sqrt{2\pi}}\mathrm{e}^{-\frac{(x-5)^2}{18}},-\infty<z<+\infty .$$

例 2　设随机变量 X 在区间 $[-1,2]$ 上服从均匀分布，随机变量 $Y=\begin{cases}1, & x>0,\\ 0, & x=0,\\ -1, & x<0.\end{cases}$

求随机变量 Y 的方差.

解: 由于随机变量 X 在区间 $[-1,2]$ 上服从均匀分布，则 X 的密度函数为

$$f(x)=\begin{cases}\dfrac{1}{3}, & -1\leqslant x\leqslant 2,\\ 0, & \text{其他}.\end{cases}$$

$$E(Y)=\int_{-\infty}^{+\infty}yf(x)\mathrm{d}x=\int_{-1}^{0}-\frac{1}{3}\mathrm{d}x+\int_{0}^{2}\frac{1}{3}\mathrm{d}x=\frac{1}{3}$$

$$E(Y^2)=\int_{-\infty}^{+\infty}y^2f(x)\mathrm{d}x=\int_{-1}^{0}\frac{1}{3}\mathrm{d}x+\int_{0}^{2}\frac{1}{3}\mathrm{d}x=1$$

$$D(Y)=E(Y^2)-\{E(Y)\}^2=1-\frac{1}{9}=\frac{8}{9}.$$

例 3　一台设备由三大部件组成，在设备运转中各部件需要调整的概率相应为 0.1，0.2，0.3. 假设各部件相互独立，以随机变量 X 表示需要调整的部件数，试求 X 的期望与方差.

解: 设 $X_i(i=1,2,3)$ 表示第 i 个部件需要调整数，则有

$$X_1 \sim \begin{bmatrix}0 & 1\\ 0.9 & 0.1\end{bmatrix},X_2 \sim \begin{bmatrix}0 & 1\\ 0.8 & 0.2\end{bmatrix},X_3 \sim \begin{bmatrix}0 & 1\\ 0.7 & 0.3\end{bmatrix}$$

$$E(X_1)=0.1,D(X_1)=0.09,E(X_2)=0.2,D(X_2)=0.16,$$
$$E(X_3)=0.3,D(X_2)=0.21$$

$X=X_1+X_2+X_3$，且 $X_i(i=1,2,3)$ 独立，则

$$E(X)=E(X_1+X_2+X_3)=E(X_1)+E(X_2)+E(X_3)$$
$$=0.1+0.2+0.3=0.6$$

$$D(X)=D(X_1+X_2+X_3)=D(X_1)+D(X_2)+D(X_3)$$
$$=0.09+0.16+0.21=0.46.$$

例 4 设随机变量 X 服从参数为 1 的指数分布，且 $Y=X+e^{-2X}$. 求 Y 的期望与方差.

解: 由题意，随机变量 X 的概率密度为

$$f(x)=\begin{cases}e^{-x}, & x>0,\\ 0, & x\leqslant 0.\end{cases}$$

且 $E(X)=1, D(X)=1, E(X^2)=D(X)+E^2(X)=2$, 所以

$$E(Y)=E(X+e^{-2X})=E(X)+E(e^{-2X})=1+\int_{-\infty}^{+\infty}e^{-2x}f(x)dx$$
$$=1+\int_0^{+\infty}e^{-2x}e^{-x}dx=1+\frac{1}{3}=\frac{4}{3}$$
$$E(Y^2)=E(X+e^{-2X})^2=E(X^2)+E(2Xe^{-2X}+e^{-4X})$$
$$=2+\int_{-\infty}^{+\infty}2xe^{-2x}f(x)dx+\int_{-\infty}^{+\infty}e^{-4x}f(x)dx$$
$$=2+\int_0^{+\infty}2xe^{-2x}e^{-x}dx+\int_0^{+\infty}e^{-4x}e^{-x}dx$$
$$=2+\frac{2}{9}+\frac{1}{5}=\frac{109}{45}$$

所以，$D(Y)=E(Y^2)-E^2(Y)=\frac{109}{45}-\left(\frac{4}{3}\right)^2=\frac{29}{45}$.

例 5 设随机变量 X 与 Y 同分布，且 X 的概率密度为 $f(x)=\begin{cases}\frac{3x^2}{8}, & 0<x<2,\\ 0, & \text{其他}.\end{cases}$

(1)已知两个随机事件 $A=\{X>\alpha\}, B=\{Y>\alpha\}$ 独立，且 $P(A+B)=\frac{3}{4}$，求常数 α.

(2)求 $E(\frac{1}{X^2})$.

解:(1)由题意可知，$P(A)=P(B), P(AB)=P(A)P(B)$，则

$$P(A+B)=P(A)+P(B)-P(AB)=2P(A)-\{P(A)\}^2=\frac{3}{4}$$

且 $P(A)\geqslant 0$，解得 $P(A)=\frac{1}{2}$

又 $P(A)=P\{X>\alpha\}=\int_\alpha^{+\infty}f(x)dx=\int_\alpha^2\frac{3x^2}{8}dx=\frac{1}{8}(8-\alpha^3)=\frac{1}{2}$

则 $\alpha=\sqrt[3]{4}$

注意：若 $\alpha\leqslant 0$，则 $P(A)=P\{X>0\}=1$. 若 $\alpha\geqslant 2$，则 $P(A)=P\{X>\alpha\}=0$，

所以 $\alpha\in(0,2)$.

(2) $E\left(\frac{1}{X^2}\right)=\int_{-\infty}^{+\infty}f(x)dx=\int_0^2\frac{1}{x^2}\frac{3x^2}{8}dx=\frac{3}{4}$.

例 6　设二维随机变量(X,Y)的联合概率密度为

$$f(x,y)=\begin{cases}x+y, & 0<x<1,0<y<1,\\ 0, & \text{其他}.\end{cases}$$

求：(1)$E(|X-Y|)$；(2)$E(\max\{X,Y\})$.

解：(1)

$$\begin{aligned}E(|X-Y|)&=\int_{-\infty}^{+\infty}\int_{-\infty}^{+\infty}|x-y|f(x,y)\mathrm{d}x\mathrm{d}y\\&=\iint\limits_{x>y}(x-y)f(x,y)\mathrm{d}x\mathrm{d}y+\iint\limits_{x\leqslant y}(y-x)f(x,y)\mathrm{d}x\mathrm{d}y\\&=\int_0^1\mathrm{d}x\int_0^x(x-y)(x+y)\mathrm{d}y+\int_0^1\mathrm{d}y\int_0^y(y-x)(x+y)\mathrm{d}x\\&=\int_0^1\frac{2}{3}x^3\mathrm{d}x+\int_0^1\frac{2}{3}y^3\mathrm{d}y=\frac{1}{3}.\end{aligned}$$

(2)

$$\begin{aligned}E(\max\{X,Y\})&=\int_{-\infty}^{+\infty}\int_{-\infty}^{+\infty}\max\{x,y\}f(x,y)\mathrm{d}x\mathrm{d}y\\&=\iint\limits_{x>y}xf(x,y)\mathrm{d}x\mathrm{d}y+\iint\limits_{x\leqslant y}yf(x,y)\mathrm{d}x\mathrm{d}y\\&=\int_0^1\mathrm{d}x\int_0^x x(x+y)\mathrm{d}y+\int_0^1\mathrm{d}y\int_0^y y(x+y)\mathrm{d}x\\&=\int_0^1\frac{3}{2}x^3\mathrm{d}x+\int_0^1\frac{3}{2}y^3\mathrm{d}y=\frac{3}{4}.\end{aligned}$$

例 7　设随机变量X与Y独立，且都服从正态分布$N(1,\sqrt{2}^2)$，试求随机变量$|X-Y|$的期望与方差.

解：由于X与Y独立，且都服从正态分布$N(1,\sqrt{2}^2)$，因此$X-Y$也服从正态分布，且

$$E(X-Y)=E(X)-E(Y)=0,D(X-Y)=D(X)+D(Y)=4$$

令$Z=X-Y$，则Z服从正态分布$N(0,2^2)$，则

$$\begin{aligned}E(|X-Y|)=E(|Z|)&=\int_{-\infty}^{+\infty}|z|\frac{1}{2\sqrt{2\pi}}\mathrm{e}^{-\frac{z^2}{2\times4}}\mathrm{d}z\\&=2\int_0^{+\infty}z\frac{1}{2\sqrt{2\pi}}\mathrm{e}^{-\frac{z^2}{8}}\mathrm{d}z=4\int_0^{+\infty}\frac{1}{\sqrt{2\pi}}\mathrm{e}^{-\frac{z^2}{8}}\mathrm{d}\frac{z^2}{8}\\&=\frac{4}{\sqrt{2\pi}}\end{aligned}$$

$$D(|X-Y|)=D(|Z|)=E(Z^2)-E^2(|Z|)$$

而

$$E(Z^2)=D(Z)+E^2(Z)=D(X-Y)+E^2(X-Y)=4+0=4$$

由此，可得

$$\begin{aligned}D(|X-Y|)=D(|Z|)&=E(Z^2)-E^2(|Z|)\\&=4-\left(\frac{4}{\sqrt{2\pi}}\right)^2=4(1-\frac{2}{\pi}).\end{aligned}$$

例 8 设随机变量 X 与 Y 独立,证明:

$$D(XY)=D(X)D(Y)+E^2(X)D(Y)+E^2(Y)D(X).$$

证: $D(XY)=E(XY)^2-[E(XY)]^2$,因为 X 与 Y 独立,所以 X^2 与 Y^2 独立,

$$\begin{aligned}E[(XY)]^2&=E(X^2)E(Y^2)\\&=[D(X)+E^2(X)][D(Y)+E^2(Y)]\\&=D(X)D(Y)+E^2(X)D(Y)+E^2(Y)D(X)+E^2(X)E^2(Y)\\&=D(X)D(Y)+E^2(X)D(Y)+E^2(Y)D(X)+E^2(XY)\end{aligned}$$

故
$$\begin{aligned}D(XY)&=E(XY)^2-[E(XY)]^2\\&=D(X)D(Y)+E^2(X)D(Y)+E^2(Y)D(X).\end{aligned}$$

例 9 假定在自动流水线上加工的某种零件的内径(单位:mm)$X\sim N(\mu,1)$. 内径小于 10 或大于 12 为不合格品,其余为合格品. 销售每件合格品获利 20 元;零件内径小于 10 或大于 12 分别带来亏损 1 元、5 元. 试问:当平均内径 μ 取何值时,生产 1 个零件带来的平均利润最大?

解:记生产 1 个零件销售利润为 T,由题意可知

$$T=\begin{cases}-1, & X<10,\\ 20, & 10\leqslant X\leqslant 12,\\ -5, & X>12.\end{cases}$$

平均利润为

$$\begin{aligned}E(T)&=-1\times P(X<10)+20\times P(10\leqslant X\leqslant 12)+(-5)\times P(X>12)\\&=-\Phi(10-\mu)+20[\Phi(12-\mu)-\Phi(10-\mu)]-5[1-\Phi(12-\mu)]\\&=25\Phi(12-\mu)-21\Phi(10-\mu)-5\end{aligned}$$

其中,$\Phi(x)$是正态分布 $N(0,1)$的分布函数,设 $f(x)$是它的概率密度,则有

$$\frac{\mathrm{d}E(T)}{\mathrm{d}\mu}=-25f(12-\mu)+21f(10-\mu)=0$$

得
$$\frac{21}{\sqrt{2\pi}}\mathrm{e}^{-\frac{1}{2}(10-\mu)^2}=\frac{25}{\sqrt{2\pi}}\mathrm{e}^{-\frac{1}{2}(12-\mu)^2}$$

取对数得
$$\mu\approx 11-\frac{1}{2}\ln\frac{25}{21}\approx 10.9(\mathrm{mm}).$$

例 10 设有两台同样的自动记录仪,每台无故障工作的时间是相互独立的随机变量,且服从参数为$\frac{1}{5}$的指数分布. 首先开动其中一台,当其发生故障时停用,而另一台自行开动. 求两台记录仪无故障工作的总时间 T 的概率密度、数学期望和方差.

解:设随机变量 X 与 Y 分别表示先后开启的两台记录仪无故障工作的时间,则 X 与 Y 的概率密度均为

$$f(x)=\begin{cases}5\mathrm{e}^{-5x}, & x>0,\\ 0, & x\leqslant 0.\end{cases}$$

因 X 与 Y 相互独立，且 $T=X+Y$，从而由第三章可知 T 的概率密度为

$$f_Z(t)=\int_{-\infty}^{+\infty}f(x)f(t-x)\mathrm{d}x$$

由于当 $t>x>0$ 时，以上积分中的被积函数不为 0，其余均为 0，因此

当 $t>0$ 时，$f_Z(t)=\int_{-\infty}^{+\infty}f(x)f(t-x)\mathrm{d}x=\int_0^t 5\mathrm{e}^{-5x}5\mathrm{e}^{-5(t-x)}\mathrm{d}x=25t\mathrm{e}^{-5t}$

当 $t\leqslant 0$ 时，$f_Z(t)=0$.

所以，T 的概率密度为 $f_Z(t)=\begin{cases}25t\mathrm{e}^{-5t}, & t>0,\\ 0, & t\leqslant 0.\end{cases}$

因 X 与 Y 服从参数为$\frac{1}{5}$的指数分布，则 $E(X)=E(Y)=\frac{1}{5}$，$D(X)=D(Y)=\frac{1}{25}$

所以
$$E(T)=E(X+Y)=E(X)+E(Y)=\frac{1}{5}+\frac{1}{5}=\frac{2}{5}$$

$$D(T)=D(X)+D(Y)=\frac{2}{25}.$$

A 类题

1. 填空题

(1)同时投掷 3 颗骰子，直到 3 颗骰子出现的点数之和是奇数时为止，问所需投掷次数的平均值为________________.

(2)已知随机变量 X 的分布律为：

$X=x_i$	0	1	2	3	4
$P(X=x_i)$	0.1	0.3	0.1	0.2	0.3

则 $Y=g(X)=5X^2+X-1$ 的期望 $E(Y)=$________________.

(3)已知随机变量 $X\sim B(n,p)$，$E(X)=2.4$，$D(X)=1.44$，则二项分布的参数为 $n=$____________，$p=$____________.

(4)设随机变量 X 服从参数为 λ 的泊松分布，且已知 $E(X-1)(X-2)=2$，则 $\lambda=$________________.

(5)设随机变量 X 服从参数为 1 的指数分布，则数学期望 $E(X+\mathrm{e}^{-2X})=$________.

(6)若 X,Y 是两个相互独立随机变量，且 $E(X)=2$，$E(Y)=5$，则 $E(3X-5Y)=$____________；若 $D(X)=2$，$D(Y)=5$，则 $D(3X-5Y)=$____________.

(7)已知连续型随机变量 X 的概率密度为 $f(x)=\frac{1}{\sqrt{\pi}}\mathrm{e}^{-x^2+2x-1}$，则 X 的数学期望为__________，X 的方差为__________.

(8)设随机变量 X 的概率分布为 $P\{X=k\}=\frac{C}{k!}$，$k=0,1,2,\cdots$，则 $E(X^2)=$________________.

2. 选择题

(1)设 X 表示 5 次独立重复射击命中目标的次数,每次射中目标的概率为 0.7,则 X^2 的数学期望 $E(X^2)=($ $)$.

(A)13.3　　(B)18.4　　(C)4.55　　(D)1.05

(2)设随机变量 X_1,X_2,X_3 相互独立,其中 X_1 服从(0,6)上的均匀分布,$X_2\sim N(0,2^2)$,$X_3\sim P(3)$,记 $Y=X_1-2X_2+3X_3$,则 $D(Y)=($ $)$.

(A)46　　(B)14　　(C)4　　(D)100

(3)已知随机变量 X 的数学期望为 μ,对任意的 $c\neq\mu$,正确的是(　　).

(A)$D(X)>E(X-c)^2$　　(B)$D(X)\geqslant E(X-c)^2$

(C)$D(X)<E(X-c)^2$　　(D)$D(X)=E(X-c)^2$

(4)设随机变量 X 的分布函数 $F(x)=0.3\Phi(x)+0.7\Phi\left(\frac{x-1}{2}\right)$,其中 $\Phi(x)$ 为标准正态分布函数,则 $E(X)=($ $)$.

(A)0　　(B)0.3　　(C)0.7　　(D)1

(5)设 $P\{X=n\}=\frac{1}{2n(n+1)}(n=1,2,\cdots)$,则 $E(X)=($ $)$.

(A)0　　(B)1　　(C)0.5　　(D)不存在

3. 计算下列各题

(1)设球直径的测量值在(a,b)上服从均匀分布,求球体积 V 的数学期望.

(2)设随机变量 X 服从$\left(-\frac{1}{2},\frac{1}{2}\right)$上的均匀分布,$y=g(x)=\begin{cases}\ln x, & x>0,\\ 0, & x\leqslant 0.\end{cases}$ 求 $Y=g(x)$的数学期望和方差.

(3)在长度为 a 的线段上任意取两个点 M 与 N,试求线段 MN 长度的数学期望.

(4)某射击选手每次命中目标的概率为 0.8,连续射击一个目标,直至命中目标一次为止.求射击次数的期望和方差.

(5)设轮船横向摇摆的振幅 X 的概率密度为 $f(x)=\begin{cases}Axe^{-\frac{x^2}{2\sigma^2}}, & x>0,\\ 0, & x\leqslant 0.\end{cases}$ σ 为常数,试确定常数 A,并求 $E(X)$,$D(X)$和 $P\{X>E(X)\}$.

(6)设(X,Y)的联合分布为右表:

(a)求 $E(X)$,$E(Y)$;

(b)设 $Z=Y/X$,求 $E(Z)$;

(c)设 $W=(X-Y)^2$,求 $E(W)$.

Y \ X	1	2	3
−1	0.2	0.1	0
0	0.1	0	0.3
1	0.1	0.1	0.1

(7)设随机变量 X 的概率密度为 $f(x)=\begin{cases}ax^2+bx+c, & 0<x<1,\\ 0, & \text{其他}.\end{cases}$ 已知 $E(X)=0.5$, $D(X)=0.15$,求系数 a,b,c.

B 类题

1. 设随机变量 X 与 Y 相互独立，且都服从均值为 0，方差为 0.5 的正态分布，求随机变量 $|X-Y|$ 的方差.

2. 某大楼共有 10 层，某次有 25 人在一楼搭乘电梯上楼，假设每人都等可能的在 2～10 层中的任一层出电梯，且出电梯与否相互独立，同时在 2～10 层中没有人上电梯. 又知电梯只有在有人要出电梯时才停，求该电梯停的总次数的数学期望.

3. 某人有 n 把钥匙，其中只有一把能打开房门，现在任取一把试开，不能打开者除去，求打开此门所需试开次数的数学期望与方差.

C 类题

设随机变量 X 与 Y 相互独立，且都服从 $N(\mu,\sigma^2)$，设 $Z=\max\{X,Y\}$，求 $E(Z)$.

第二节　协方差和相关系数　原点矩与中心矩

1. 协方差

(1)设(X,Y)为二维随机变量,若$E[X-E(X)][Y-E(Y)]$存在,则称之为随机变量X与Y的协方差,记为$\mathrm{cov}(X,Y)$或σ_{XY},即

$$\mathrm{cov}(X,Y)=E[X-E(X)][Y-E(Y)]$$

(2)协方差计算公式

$$\mathrm{cov}(X,Y)=E(XY)-E(X)E(Y)$$

特别,当$X=Y$时,$\mathrm{cov}(X,Y)=\mathrm{cov}(X,X)=D(X)$.

2. 协方差性质

(1)$\mathrm{cov}(X,c)=0$(c是常数).

(2)$\mathrm{cov}(X,Y)=\mathrm{cov}(Y,X)$.

(3)$\mathrm{cov}(kX,lY)=kl\,\mathrm{cov}(X,Y)$($k,l$是常数).

(4)$\mathrm{cov}(X_1+X_2,Y)=\mathrm{cov}(X_1,Y)+\mathrm{cov}(X_2,Y)$.

3. 相关系数

随机变量X与Y的相关系数定义为

$$\rho_{XY}=\frac{\mathrm{cov}(X,Y)}{\sqrt{D(X)}\sqrt{D(Y)}}$$

相关系数ρ_{XY}反映了随机变量X与Y之间线性关系的紧密程度,当$|\rho_{XY}|$越大,X与Y之间的线性相关程度越密切,当$\rho_{XY}=0$时,称X与Y不相关.

4. 相关系数的性质

(1)$|\rho_{XY}|\leqslant 1$.

(2)$|\rho_{XY}|=1$的充分必要条件是$P\{Y=aX+b\}=1$,其中a,b是常数.

(3)若随机变量X与Y独立,则$\mathrm{cov}(X,Y)=0$,$\rho_{XY}=0$,X与Y不相关.反之,若X与Y不相关,不能推断出X与Y独立.

(4)下列四个命题是等价的

①X与Y不相关,即$\rho_{XY}=0$

②$\mathrm{cov}(X,Y)=0$

③$E(XY)=E(X)E(Y)$

④$D(X\pm Y)=D(X)+D(Y)$

对任意的两个随机变量X与Y,利用协方差或相关系数可得

$$D(X \pm Y) = D(X) + D(Y) \pm 2\mathrm{cov}(X,Y)$$
$$= D(X) + D(Y) \pm 2\rho_{XY}\sqrt{D(X)}\sqrt{D(Y)}$$

5. 矩

(1)若 $v_k = E(X^k)$存在,称之为随机变量 X 的 k 阶原点矩.

(2)若 $\mu_k = E(X-EX)^k$ 存在,称之为随机变量 X 的 k 阶中心矩.

(3)若 $E(X^kY^l)$存在,称之为随机变量 X 与 Y 的 $k+l$ 阶混合原点矩.

(4)若 $E[(X-EX)^k(Y-EY)^l]$存在,称之为随机变量 X 与 Y 的 $k+l$ 阶混合中心矩.

特别,随机变量 X 的 1 阶原点矩就是 X 的期望,2 阶中心矩就是 X 的方差,X 与 Y 的 2 阶混合中心矩是 X 与 Y 协方差 $\mathrm{cov}(X,Y)$.

例 1 设 X,Y 为两个随机变量,$E(X)=2$,$E(Y)=4$,$D(X)=4$,$D(Y)=9$,$\rho_{XY}=-0.5$,求:

(1)X 与 Y 的协方差 $\mathrm{cov}(X,Y)$.

(2)$Z=3X^2-2XY+Y^2-3$ 的数学期望.

(3)$Z=3X-Y+5$ 的方差.

解:(1)$\mathrm{cov}(X,Y)=\rho_{XY}\sqrt{D(X)}\sqrt{D(Y)}=-0.5\sqrt{4}\sqrt{9}=-3$.

$$(2)\ E(Z) = E(3X^2-2XY+Y^2-3) = 3E(X^2)-2E(XY)+E(Y^2)-3$$
$$= 3[D(X)+E^2(X)]-2[\mathrm{cov}(X,Y)+E(X)E(Y)]+[D(Y)+E^2(Y)]-3$$
$$= 3(4+2^2)-2(-3+2\times 4)+(9+4^2)-3 = 36.$$

$$(3)\ D(Z) = D(3X-Y+5) = D(3X)+D(-Y)+2\mathrm{cov}(3X,-Y)$$
$$= 9D(X)+D(Y)-6\mathrm{cov}(X,Y)$$
$$= 9\times 4+9-6\times(-3) = 63.$$

例 2 设随机变量 X 的概率密度为

$$f(x)=\begin{cases}\dfrac{3}{2}x^2, & -1<x<1,\\ 0, & \text{其他}.\end{cases}$$

问:(1)X 与 $|X|$ 是否相关?(2)X 与 $|X|$ 是否独立?

解:(1)由于 $E(X)=\int_{-1}^{1}x\cdot\frac{3}{2}x^2\mathrm{d}x=0$,$E(X\cdot|X|)=\int_{-1}^{1}x\cdot|x|\frac{3}{2}x^2\mathrm{d}x=0$.

则 $\mathrm{cov}(X,|X|)=E(X\cdot|X|)-E(X)\cdot E(|X|)=0$,所以 X 与 $|X|$ 不相关.

(2)由于 $P(X\leqslant\frac{1}{2},|X|\leqslant\frac{1}{2})=P(|X|\leqslant\frac{1}{2})=\int_{-\frac{1}{2}}^{\frac{1}{2}}\frac{3}{2}x^2\mathrm{d}x=\frac{1}{8}$,而

$$P(X\leqslant \frac{1}{2})=\int_{-1}^{\frac{1}{2}}\frac{3}{2}x^2\mathrm{d}x=\frac{9}{16},P(|X|\leqslant \frac{1}{2})$$

$$=\int_{-\frac{1}{2}}^{\frac{1}{2}}\frac{3}{2}x^2\mathrm{d}x=\frac{1}{8}$$

从而，$P(X\leqslant \frac{1}{2},|X|\leqslant \frac{1}{2})\neq P(X\leqslant \frac{1}{2})P(|X|\leqslant \frac{1}{2})$，所以 X 与 $|X|$ 不独立.

例 3　设离散型随机变量 X,Y 的联合分布为

X \ Y	-1	0	1
0	0.07	0.18	0.15
1	0.08	0.32	0.20

求 X 与 Y 的相关系数.

解：由题意，可得

$$E(X)=0\times(0.07+0.18+0.15)+1\times(0.08+0.32+0.20)=0.60$$

$$E(Y)=-1\times(0.07+0.08)+0\times(0.18+0.32)$$
$$+1\times(0.15+0.20)=0.20$$

$$E(XY)=0\times(-1)\times0.07+0\times0\times0.18$$
$$+0\times1\times0.15+1\times(-1)\times0.08$$
$$+1\times0\times0.32+1\times1\times0.20=0.12$$

则 X 与 Y 的协方差为 $\mathrm{cov}(X,Y)=E(XY)-E(X)E(Y)=0.12-0.60\times0.20=0$，所以 X 与 Y 的相关系数 $\rho_{XY}=0$.

例 4　设 A,B 是两个随机事件，随机变量 X,Y 分别为

$$X=\begin{cases}1, & 若 A 出现,\\ -1, & 若 A 不出现;\end{cases}\quad Y=\begin{cases}1, & 若 B 出现,\\ -1, & 若 B 不出现.\end{cases}$$

证明：随机变量 X,Y 不相关的充分必要条件是 A,B 相互独立.

证：记 $P(A)=p_1,P(B)=p_2,P(AB)=p_{12}$，由数学期望的定义，可知

$$E(X)=1\times P(A)+(-1)\times P(\bar{A})=2p_1-1,$$

$$E(Y)=1\times P(B)+(-1)\times P(\bar{B})=2p_2-1$$

由于 XY 只有可能取两个值 -1 和 1，易见

$$P(XY=1)=P(X=1,Y=1)+P(X=-1,Y=-1)$$
$$=P(AB)+P(\bar{A}\bar{B})=P(AB)+P(\overline{A\cup B})$$
$$=P(AB)+1-[P(A)+P(B)-P(AB)]$$
$$=2p_{12}-p_1-p_2+1$$

$$P(XY=-1)=1-P(XY=1)=1-(2p_{12}-p_1-p_2+1)$$

$$= p_1 + p_2 - 2p_{12}$$

$$\begin{aligned} E(XY) &= (-1) \times P(XY = -1) + 1 \times P(XY = 1) \\ &= (-1) \times (p_1 + p_2 - 2p_{12}) + 2p_{12} - p_1 - p_2 + 1 \\ &= 4p_{12} - 2p_1 - 2p_2 + 1 \end{aligned}$$

从而

$$\begin{aligned} \mathrm{cov}(X,Y) &= E(XY) - E(X)E(Y) \\ &= 4p_{12} - 2p_1 - 2p_2 + 1 - (2p_1 - 1)(2p_2 - 1) \\ &= 4p_{12} - 4p_1 p_2 \end{aligned}$$

因此,$\mathrm{cov}(X,Y)=0$ 当且仅当 $p_{12}=p_1 p_2$,即 $P(AB)=P(A)P(B)$,所以随机变量 X,Y 不相关的充分必要条件是 A,B 相互独立.

例 5 设二维随机变量(X,Y)的概率密度

$$f(x,y) = \begin{cases} \dfrac{1}{\pi}, & 0 < x^2 + y^2 < 1, \\ 0, & \text{其他}. \end{cases}$$

证明:X 与 Y 不相关,但 X 与 Y 不相互独立.

证:关于 X 与 Y 的两个边缘概率密度分别为

$$f_X(x) = \int_{-\infty}^{+\infty} f(x,y)\mathrm{d}y = \begin{cases} \dfrac{1}{\pi}\displaystyle\int_{-\sqrt{1-x^2}}^{\sqrt{1-x^2}} \mathrm{d}y, & |x| < 1 \\ 0, & |x| \leqslant 1 \end{cases}$$

$$= \begin{cases} \dfrac{2\sqrt{1-x^2}}{\pi}, & |x| < 1, \\ 0, & |x| \leqslant 1. \end{cases}$$

$$f_Y(y) = \int_{-\infty}^{+\infty} f(x,y)\mathrm{d}x = \begin{cases} \dfrac{1}{\pi}\displaystyle\int_{-\sqrt{1-y^2}}^{\sqrt{1-y^2}} \mathrm{d}x, & |y| < 1 \\ 0, & |y| \leqslant 1 \end{cases}$$

$$= \begin{cases} \dfrac{2\sqrt{1-y^2}}{\pi}, & |y| < 1, \\ 0, & |y| \leqslant 1. \end{cases}$$

$$E(X) = \int_{-\infty}^{+\infty} x f_X(x)\mathrm{d}x = \int_{-1}^{1} \frac{2x\sqrt{1-x^2}}{\pi}\mathrm{d}x = 0$$

同理可得 $E(Y)=0$. 故

$$\begin{aligned} \mathrm{cov}(X,Y) &= E(XY) - E(X)E(Y) = E(XY) - 0 = E(XY) \\ &= \frac{1}{\pi}\iint_{x^2+y^2<1} xy\,\mathrm{d}x\mathrm{d}x = 0 \end{aligned}$$

所以 X 与 Y 不相关,且 $f(x,y) \neq f_X(x) f_Y(x)$,因此 X 与 Y 不相互独立.

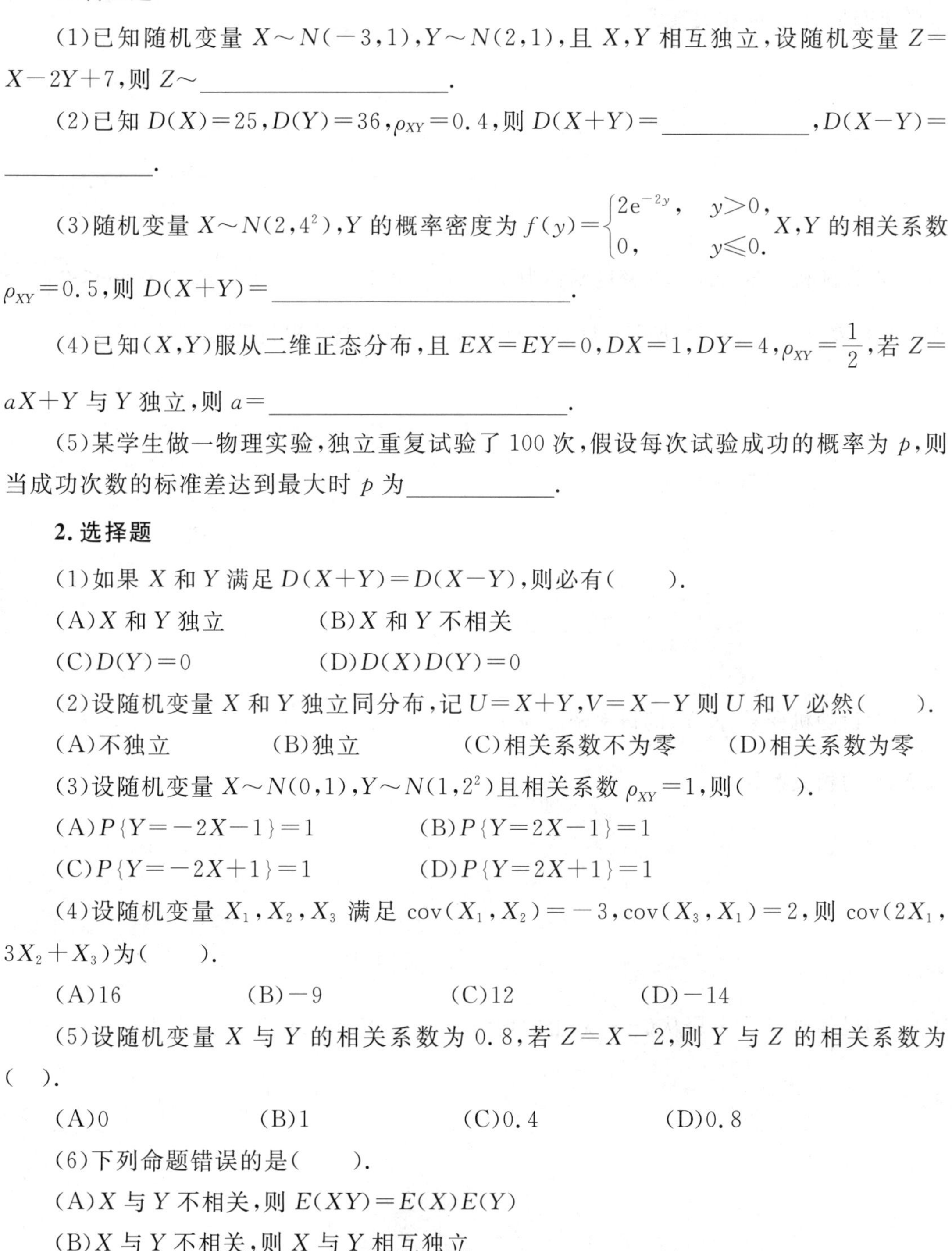

A 类题

1. 填空题

(1)已知随机变量 $X\sim N(-3,1)$,$Y\sim N(2,1)$,且 X,Y 相互独立,设随机变量 $Z=X-2Y+7$,则 $Z\sim$____________.

(2)已知 $D(X)=25$,$D(Y)=36$,$\rho_{XY}=0.4$,则 $D(X+Y)=$__________,$D(X-Y)=$__________.

(3)随机变量 $X\sim N(2,4^2)$,Y 的概率密度为 $f(y)=\begin{cases}2\mathrm{e}^{-2y}, & y>0,\\ 0, & y\leqslant 0.\end{cases}$ X,Y 的相关系数 $\rho_{XY}=0.5$,则 $D(X+Y)=$____________.

(4)已知 (X,Y) 服从二维正态分布,且 $EX=EY=0$,$DX=1$,$DY=4$,$\rho_{XY}=\dfrac{1}{2}$,若 $Z=aX+Y$ 与 Y 独立,则 $a=$____________.

(5)某学生做一物理实验,独立重复试验了 100 次,假设每次试验成功的概率为 p,则当成功次数的标准差达到最大时 p 为__________.

2. 选择题

(1)如果 X 和 Y 满足 $D(X+Y)=D(X-Y)$,则必有(　　).

(A)X 和 Y 独立　　(B)X 和 Y 不相关

(C)$D(Y)=0$　　(D)$D(X)D(Y)=0$

(2)设随机变量 X 和 Y 独立同分布,记 $U=X+Y$,$V=X-Y$ 则 U 和 V 必然(　　).

(A)不独立　　(B)独立　　(C)相关系数不为零　　(D)相关系数为零

(3)设随机变量 $X\sim N(0,1)$,$Y\sim N(1,2^2)$且相关系数 $\rho_{XY}=1$,则(　　).

(A)$P\{Y=-2X-1\}=1$　　(B)$P\{Y=2X-1\}=1$

(C)$P\{Y=-2X+1\}=1$　　(D)$P\{Y=2X+1\}=1$

(4)设随机变量 X_1,X_2,X_3 满足 $\mathrm{cov}(X_1,X_2)=-3$,$\mathrm{cov}(X_3,X_1)=2$,则 $\mathrm{cov}(2X_1,3X_2+X_3)$为(　　).

(A)16　　(B)-9　　(C)12　　(D)-14

(5)设随机变量 X 与 Y 的相关系数为 0.8,若 $Z=X-2$,则 Y 与 Z 的相关系数为(　).

(A)0　　(B)1　　(C)0.4　　(D)0.8

(6)下列命题错误的是(　　).

(A)X 与 Y 不相关,则 $E(XY)=E(X)E(Y)$

(B)X 与 Y 不相关,则 X 与 Y 相互独立

(C)随机变量 X 的方差 $D(X)\geqslant 0$

(D)$|\rho_{XY}|\leqslant 1$

3. 计算下列各题

(1)若随机变量(X,Y)在区域 D 上服从均匀分布,$D=\{(x,y)\mid 0<x<1,0<y<x\}$,求随机变量 X,Y 的相关系数.

(2)设随机变量(X,Y)的密度函数为 $f(x,y)=A\sin(x+y)$,$0\leqslant x\leqslant \frac{\pi}{2}$,$0\leqslant y\leqslant \frac{\pi}{2}$,求:(a)系数 A;(b)$E(X)$,$E(Y)$,$D(X)$,$D(Y)$;(c)协方差及相关系数.

(3)设随机变量(X,Y)的概率密度为 $f(x,y)=\begin{cases}2-x-y, & 0<x<1,\quad 0<y<1,\\ 0, & \text{其他}.\end{cases}$
求 X,Y 的相关系数.

(4)设随机变量 X 服从$(-\pi,\pi)$上的均匀分布,令 $Y=\sin X$,$Z=\cos X$,求 ρ_{YZ}.

(5)二维随机变量(X,Y)的分布律如下表，问 a,b 取何值时，X 与 Y 不相关？此时 X 与 Y 是否独立？

$Y \backslash X$	-1	0	1
-1	$\frac{1}{8}$	$\frac{1}{8}$	$\frac{1}{8}$
0	$\frac{1}{8}$	0	$\frac{1}{8}$
1	$\frac{1}{8}$	a	b

(6)设 $E(X)=E(Y)=1$，$E(Z)=-1$，$D(X)=D(Y)=D(Z)=1$，$\rho_{XY}=\frac{1}{2}$，$\rho_{XZ}=-\frac{1}{2}$，$\rho_{YZ}=\frac{1}{2}$，求 $E(X+Y+Z)$ 和 $D(X+Y+Z)$.

B 类题

1. 设随机变量 X 的概率密度为 $f(x)=\frac{1}{2}e^{-|x|}, -\infty<x<+\infty$. 求：

(1)$E(X)$,$D(X)$；(2)X 与 $|X|$ 的协方差，并问 X 与 $|X|$ 是否不相关；

(3)问 X 与 $|X|$ 是否独立？为什么？

2. 已知随机变量 X 与 Y 分别服从正态分布 $N(1,3^2)$,$N(0,4^2)$，且 X 与 Y 的相关系数 $\rho_{XY}=-\frac{1}{2}$. 设 $Z=\frac{X}{3}+\frac{Y}{2}$，求：(1)$Z$ 的数学期望 $E(Z)$ 和方差 $D(Z)$；(2)X 与 Z 的相关系数 ρ_{XZ}.

3. 若随机变量 X 与 Y 相互独立同分布，均服从 $N(\mu,\sigma^2)$，令 $\xi=\alpha X+\beta Y$, $\eta=\alpha X-\beta Y$ (α,β 为不相等的常数)，求随机变量 ξ 与 η 的相关系数 $\rho_{\xi\eta}$，并说明当 α,β 满足什么条件时，ξ 与 η 不相关.

第三章　样本与抽样分布

第一节　基本概念与样本数字特征

1. 总体

研究对象的全体称为总体,用 X 表示,它是一个随机变量,组成总体的每一个单元,即每一个研究对象称为个体.

2. 样本

来自总体 X 的 n 个相互独立且与总体同分布的随机变量 $X_1,X_2,\cdots,X_n$ 称为简单随机变量样本.

3. 样本的分布

样本观测值 $X_1,X_2,\cdots,X_n$ 的联合分布称为样本的分布.

(1)离散型

设 $p(x)=P\{X=x\}$是总体 X 取值 x 的概率,则 $X_1,X_2,\cdots,X_n$ 的联合概率分布为

$$P\{X_1=x_1,X_2=x_2,\cdots,X_n=x_n\}=p(x_1)p(x_2)\cdots,p(x_n).$$

(2)连续型

设 $f(x)$是总体 X 取值 x 的概率密度,则 $X_1,X_2,\cdots,X_n$ 的联合密度为

$$f(x_1,x_2,\cdots,x_n)=f(x_1)f(x_2)\cdots,f(x_n).$$

4. 常用样本数字特征

设 $X_1,X_2,\cdots,X_n$ 是来自总体 X 的简单随机样本

(1)样本均值　$\overline{X}=\frac{1}{n}\sum_{i=1}^{n}X_i$.

(2)样本方差　$S^2=\frac{1}{n-1}\sum_{i=1}^{n}(X_i-\overline{X})^2$.

(3)样本原点矩　$\alpha_k=\frac{1}{n}\sum_{i=1}^{n}X_i^k;\alpha_1=\overline{X}$.

(4)样本中心矩 $\beta_k=\frac{1}{n}\sum_{i=1}^{n}(X_i-\overline{X})^k,k=1,2,\cdots,\beta_2=\frac{n-1}{n}S^2\neq S^2$.

典型例题

例 1 设 X 服从 $P(\lambda)$，$X_1,X_2,\cdots,X_n$ 为来自总体 X 的样本，求：(1) $X_1,X_2,\cdots,X_n$ 的联合分布律；(2) $\sum_{i=1}^{n}X_i$ 及 $\overline{X}$ 的分布律；(3) $E(\overline{X}),D(\overline{X}),E(S^2)$.

解：X 的分布律为 $P\{X=x\}=\frac{\lambda^x e^{-\lambda}}{x!},x=0,1,2,\cdots$

(1)由 $X_1,X_2,\cdots,X_n$ 的独立性得 $X_1,X_2,\cdots,X_n$ 的联合分布律为

$$P\{X_1=x_1,X_2=x_2,\cdots,X_n=x_n\}=\prod_{i=1}^{n}\frac{\lambda^{x_i}e^{-\lambda}}{x_i!}=\frac{\lambda^{\sum_{i=1}^{n}x_i}e^{-n\lambda}}{\prod_{i=1}^{n}x_i!}.$$

(2) $X\sim P(\lambda)\Rightarrow\sum_{i=1}^{n}X_i\sim P(n\lambda)$

所以 $p\{\sum_{i=1}^{n}X_i=x\}=\frac{(n\lambda)^x-e^{-n\lambda}}{x!},(x=0,1,2,\cdots)$

而 $p\{\overline{X}=x\}=P\{\sum_{i=1}^{n}X_i=nx\}=\frac{(n\lambda)^{nx}e^{-n\lambda}}{(nx)!},(x=0,1,2,\cdots)$.

(3) $E(\overline{X})=\lambda,D(\overline{X})=\frac{\lambda}{n},E(S^2)=\lambda$.

例 2 设某商店 100 天销售电视机的情况有如下统计资料：

日售出台数	2	3	4	5	6
天数	20	30	10	25	15

求样本容量 n，样本均值 $\overline{X}$，样本方差 S^2，经验分布函数 $F_n(x)$.

解：设 X_i 是第 i 天售出的台数，$i=1,2,\cdots,100$，所以样本容量 $n=100$.

样本均值 $\overline{X}=\frac{1}{100}\sum_{i=1}^{100}X_i=\frac{1}{100}(2\times20+3\times30+4\times10+5\times25+6\times15)$

$=\frac{385}{100}=3.85$.

样本方差

$$\begin{aligned}S^2&=\frac{1}{100-1}\sum_{i=1}^{100}(X_i-\overline{X})^2\\&=\frac{1}{99}[20\times(2-3.85)^2+30\times(3-3.85)^2+10\times(4-3.85)^2\\&\quad+25\times(5-3.85)^2+15\times(6-3.85)^2]\\&=\frac{192.75}{99}\approx1.947.\end{aligned}$$

经验分布函数

$$F_n(x)=\begin{cases}0, & x<2,\\ \dfrac{20}{100}, & 2\leqslant x<3,\\ \dfrac{20+30}{100}, & 3\leqslant x<4,\\ \dfrac{50+10}{100}, & 4\leqslant x<5,\\ \dfrac{60+25}{100}, & 5\leqslant x<6,\\ \dfrac{85+15}{100}, & 6\leqslant x.\end{cases}\Rightarrow F_n(x)=\begin{cases}0, & x<2,\\ \dfrac{1}{5}, & 2\leqslant x<3,\\ \dfrac{1}{2}, & 3\leqslant x<4,\\ \dfrac{3}{5}, & 4\leqslant x<5,\\ \dfrac{15}{20}, & 5\leqslant x<6,\\ 1, & 6\leqslant x.\end{cases}$$

例 3　设有一枚均匀的硬币，以 X 表示抛一次硬币正面向上的次数，试问要抛多少次才能使样本均值 $\overline{X}$ 落在[0.4,0.6]内的概率不小于 0.9?

解:$X\sim B(1,0.5)$，$E(X)=0.5$，$D(X)=0.25$，在 n 较大时，可以近似认为

$$\overline{X}\sim N(0.5,\frac{0.25}{n})$$

则按要求：

$$P\{0.4<\overline{X}<0.6\}\approx\Phi(\frac{0.6-0.5}{\sqrt{0.25/n}})-\Phi(\frac{0.4-0.5}{\sqrt{0.25/n}})$$

$$=2\Phi(\frac{0.1}{0.5/\sqrt{n}})-1\geqslant 0.9$$

即要求:$\Phi(0.2\sqrt{n})\geqslant 0.95$，查正态分布表 $0.2\sqrt{n}\geqslant 1.645\Rightarrow n\geqslant 67.65$，即至少应抛 68 次.

例 4　设 $X\sim N(\mu,\sigma^2)$，其中 μ,σ^2 均为未知，从总体中抽取简单随机样本 $X_1,X_2,\cdots,X_{2n}(n\geqslant 2)$，样本均值为 $\overline{X}=\frac{1}{2n}\sum_{i=1}^{2n}X_i$，求统计量 $Y=\sum_{i=1}^{n}(X_i+X_{n+i}-2\overline{X})^2$ 的数学期望 $E(Y)$.

解:已知(X_1+X_{n+1})，(X_2+X_{n+2})，$\cdots$，(X_n+X_{n+n})相互独立，且都服从正态分布 $N(2\mu,2\sigma^2)$，因此可将其视为取自总体 $Z\sim N(2\mu,2\sigma^2)$的容量为 n 的简单随机样本，其样本方差为

$$S^2=\frac{1}{n-1}\sum_{i=1}^{n}[(X_i+X_{n+i})-\frac{1}{n}\sum_{i=1}^{n}(X_i+X_{n+i})]^2$$

$$=\frac{1}{n-1}\sum_{i=1}^{n}[(X_i+X_{n+i})-\frac{2}{2n}\sum_{i=1}^{2n}X_i]^2$$

$$=\frac{1}{n-1}\sum_{i=1}^{n}[(X_i+X_{n+i})-2\overline{X}]^2=\frac{1}{n-1}Y$$

因为样本方差是总体方差的无偏估计，即 $E(S^2)=D(Z)=2\sigma^2$，故

$$E(Y)=E\{(n-1)S^2\}=2(n-1)\sigma^2$$

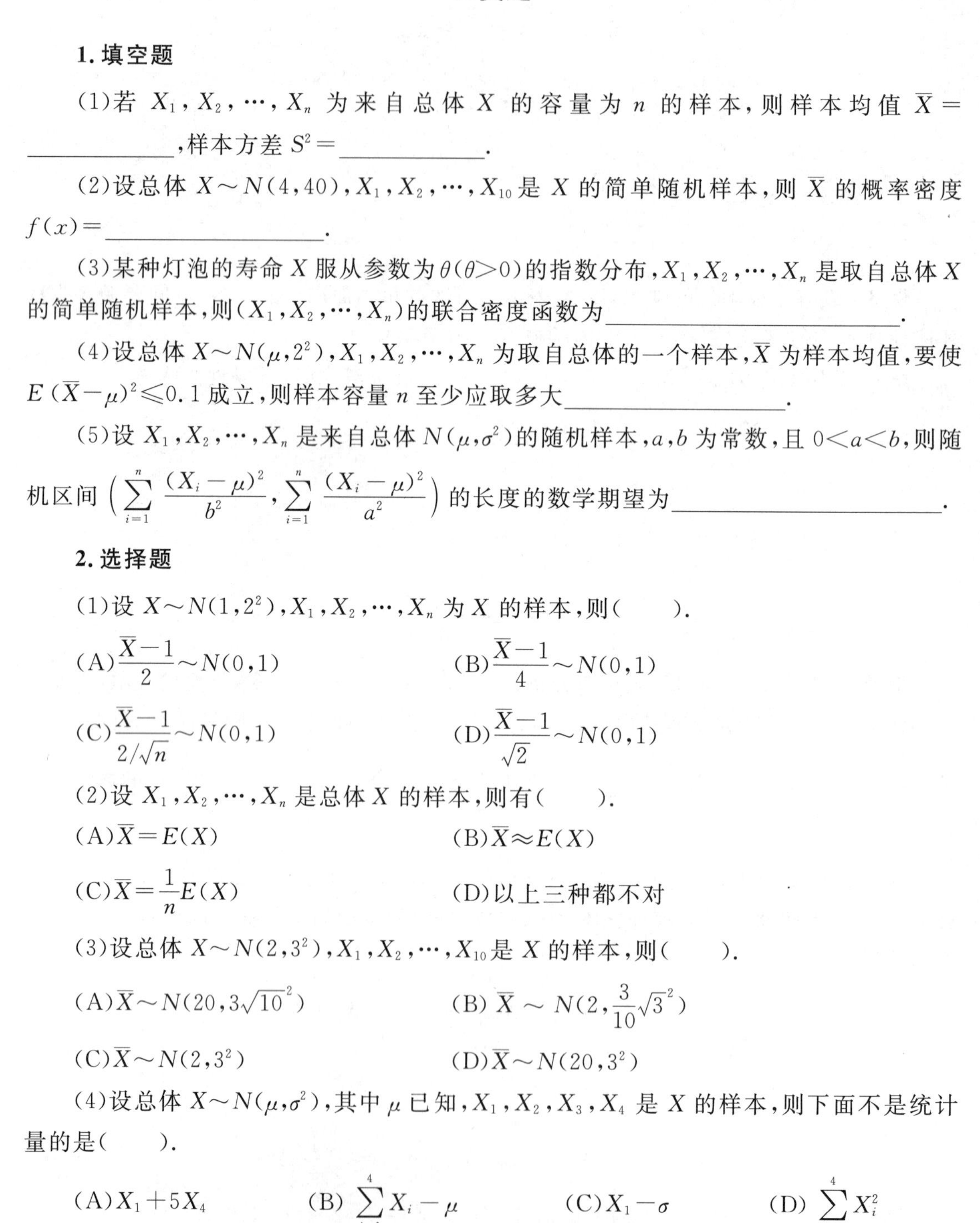

A类题

1. 填空题

(1)若 $X_1, X_2, \cdots, X_n$ 为来自总体 X 的容量为 n 的样本,则样本均值 $\overline{X}=$____________,样本方差 $S^2=$____________.

(2)设总体 $X \sim N(4,40)$, $X_1, X_2, \cdots, X_{10}$ 是 X 的简单随机样本,则 $\overline{X}$ 的概率密度 $f(x)=$__________________.

(3)某种灯泡的寿命 X 服从参数为 $\theta(\theta>0)$ 的指数分布, $X_1, X_2, \cdots, X_n$ 是取自总体 X 的简单随机样本,则 $(X_1, X_2, \cdots, X_n)$ 的联合密度函数为________________________.

(4)设总体 $X \sim N(\mu, 2^2)$, $X_1, X_2, \cdots, X_n$ 为取自总体的一个样本, $\overline{X}$ 为样本均值,要使 $E(\overline{X}-\mu)^2 \leqslant 0.1$ 成立,则样本容量 n 至少应取多大__________________.

(5)设 $X_1, X_2, \cdots, X_n$ 是来自总体 $N(\mu, \sigma^2)$ 的随机样本, a, b 为常数,且 $0<a<b$,则随机区间 $\left(\sum\limits_{i=1}^{n} \frac{(X_i-\mu)^2}{b^2}, \sum\limits_{i=1}^{n} \frac{(X_i-\mu)^2}{a^2}\right)$ 的长度的数学期望为______________________.

2. 选择题

(1)设 $X \sim N(1, 2^2)$, $X_1, X_2, \cdots, X_n$ 为 X 的样本,则(　　).

(A) $\frac{\overline{X}-1}{2} \sim N(0,1)$　　(B) $\frac{\overline{X}-1}{4} \sim N(0,1)$

(C) $\frac{\overline{X}-1}{2/\sqrt{n}} \sim N(0,1)$　　(D) $\frac{\overline{X}-1}{\sqrt{2}} \sim N(0,1)$

(2)设 $X_1, X_2, \cdots, X_n$ 是总体 X 的样本,则有(　　).

(A) $\overline{X}=E(X)$　　(B) $\overline{X} \approx E(X)$

(C) $\overline{X}=\frac{1}{n}E(X)$　　(D)以上三种都不对

(3)设总体 $X \sim N(2, 3^2)$, $X_1, X_2, \cdots, X_{10}$ 是 X 的样本,则(　　).

(A) $\overline{X} \sim N(20, 3\sqrt{10}^2)$　　(B) $\overline{X} \sim N(2, \frac{3}{10}\sqrt{3}^2)$

(C) $\overline{X} \sim N(2, 3^2)$　　(D) $\overline{X} \sim N(20, 3^2)$

(4)设总体 $X \sim N(\mu, \sigma^2)$,其中 μ 已知, X_1, X_2, X_3, X_4 是 X 的样本,则下面不是统计量的是(　　).

(A) X_1+5X_4　　(B) $\sum\limits_{i=1}^{4} X_i-\mu$　　(C) $X_1-\sigma$　　(D) $\sum\limits_{i=1}^{4} X_i^2$

(5)设随机变量 X 服从标准正态分布 $N(0,1)$,对给定的 $\alpha(0<\alpha<1)$,常数 u_α 满足

$P\{X>u_{\alpha}\}=\alpha$，若 $P\{|X|<x\}=\alpha$，则 x 等于(　　).

(A)$u_{\frac{\alpha}{2}}$　　(B)$u_{1-\frac{\alpha}{2}}$　　(C)$u_{\frac{1-\alpha}{2}}$　　(D)$u_{1-\alpha}$

(6)设 $X_1,X_2,\cdots,X_n$ 是来自正态总体 $N(\mu,\sigma^2)$ 的简单随机样本，$\overline{X}$ 与 S^2 分别是样本均值与样本方差，则(　　).

(A)$E(\overline{X}^2-S^2)=\mu^2-\sigma^2$　　(B)$D(\overline{X}^2+S^2)=\mu^2+\sigma^2$

(C)$E(\overline{X}-S^2)=\mu-\sigma^2$　　(D)$D(\overline{X}+S^2)=\mu+\sigma^2$

3. 计算题

(1)设有下列样本值：0.497，0.506，0.518，0.524，0.488，0.510，0.510，0.515，0.512 求 $\overline{x}$ 和 s^2.

(2)设 $\overline{X}$ 是 $X_1,X_2,\cdots,X_n$ 的样本均值，$\overline{Y}$ 是 $3X_1+5,3X_2+5,\cdots,3X_n+5$，的样本均值，求证：$\overline{Y}=3\overline{X}+5$.

(3)从一批零件中随机地抽取 10 件，记录其抗压强度数据为：48，70，51，51，70，68，73，68，51，73，求出关于该样本的样本分布函数.

(4)设 X_1,X_2,X_3,X_4 是取自正态总体 $N(\mu,\sigma^2)$ 中的一个样本，其中 μ 已知，但 σ^2 未知，指出下面随机变量中哪些是统计量？

(a)$X_1+X_2+X_3+X_4$；　　(b)$\frac{1}{\sigma^2}\sum_{i=1}^{4}(X_i-\mu)^2$；

(c)$\max\{X_1,X_2\}$；　　(d)$X_4+\mu$；

(e)$\frac{1}{2}(X_1+X_4)$；　　(f)$\sqrt{n}\frac{\overline{X}-\mu}{\sigma}$，其中 $\overline{X}=\frac{1}{4}\sum_{i=1}^{4}X_i$.

(5)设 $X_1,X_2,\cdots,X_n$ 是取自正态总体 $N(\mu,\sigma^2)$中的一个样本,$U=X_1+X_2+\cdots+X_m,V=X_{m+1}+X_{m+2}+\cdots+X_n(n>m)$.求 U,V 的联合密度函数.

(6)从正态总体 $N(3.4,6^2)$中抽取容量为 n 的一个样本,如果要求样本均值位于区间$[1.4,5.4]$内的概率不小于 0.95,问样本容量 n 至少应取多大?

B类题

1.当随机变量 $X_1,X_2,\cdots,X_n$ 独立同分布且为正时,试证:$E\left[\frac{X_1}{X_1+X_2+\cdots+X_n}\right]=\frac{1}{n}$.

2.设 $X_1,X_2,\cdots,X_n(n\geqslant 2)$为来自总体 $N(0,1)$的一个简单随机样本,$\overline{X}$ 为样本均值,记 $Y_i=X_i-\overline{X},i=1,2,\cdots,n$;求:(1)$Y_i$ 的方差 $DY_i,i=1,2,\cdots,n$; (2)$\operatorname{cov}(Y_1,Y_n)$.

第二节　正态总体的抽样分布

1. 统计量

设 $X_1,X_2,\cdots,X_n$ 来自总体 X 的一个样本，$g(X_1,X_2,\cdots,X_n)$是一个连续函数，若 g 中不含有任何未知参数，称 $g(X_1,X_2,\cdots,X_n)$为统计量，样本的均值、方差、矩等都是统计量.

2. 统计推断中常用的三个分布——χ^2 分布、t 分布、F 分布

(1)χ^2 分布：设 $X\sim N(0,1)$，$X_1,X_2,\cdots,X_n$ 是它的一个样本，则统计量 $\chi^2=\sum\limits_{i=1}^{n}X_i^2$ 称为服从自由度为 n 的 χ^2 分布，记作 $\chi^2\sim\chi^2(n)$.

性质：(a)期望 $E[\chi^2(n)]=n$，方差 $D[\chi^2(n)]=2n$；

(b)可加性：设 $\chi_1^2\sim\chi^2(n_1)$，$\chi_2^2\sim\chi^2(n_2)$且它们相互独立，则

$$\chi_1^2+\chi_2^2\sim\chi^2(n_1+n_2).$$

χ^2 分布的右侧分位数记为 $\chi_\alpha^2(n)$，由 $P\{W>\chi_\alpha^2(n)\}=\alpha$，查 χ^2 分布分位数表可得(图 6-1).

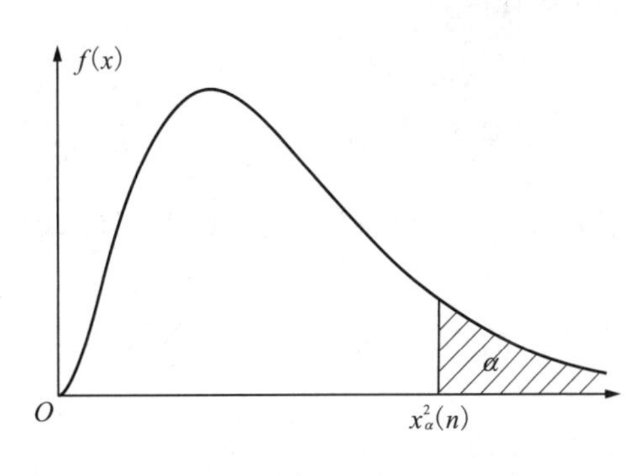

图 6-1

(2)t 分布：设 $X\sim N(0,1)$，$Y\sim\chi^2(n)$，并且 X 与 Y 相互独立，则统计量 $t=\dfrac{X}{\sqrt{\dfrac{Y}{n}}}$称为服从自由度 n 的 t 分布，记 $t\sim t(n)$.

t 分布的双侧分位数记为 $t_{\alpha/2}(n)$，由 $P\{|W|>t_{\alpha/2}(n)\}=\alpha$，查 t 分布分位数表可得(图 6-2).

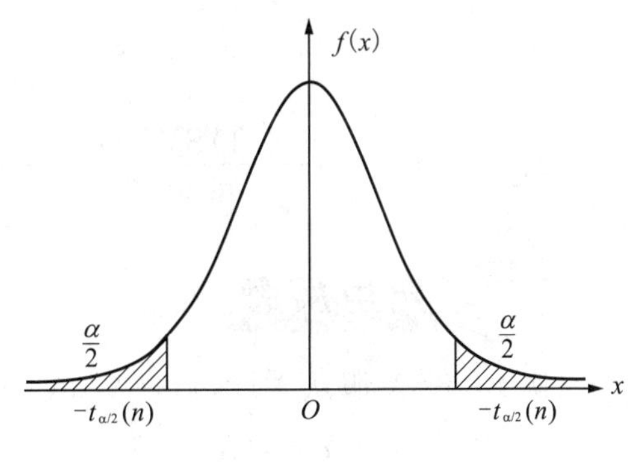

图 6-2

性质：$\lim\limits_{n\to\infty}t(x;n)=\varphi(x)$，其中 $t(x;n)$及 $\varphi(x)$分别是 n 个自由度的 t 分布与标准正态分布的密度. 该性质的用处是当 n 较大时，t 分布可以近似地看作标准正态分布.

(3)F 分布：$U\sim\chi^2(n_1)$，$V\sim\chi^2(n_2)$，且相互独立，则称随机变量 $F=\dfrac{U/n_1}{V/n_2}$为服从自由度(n_1,n_2)的 F 分布，记 $F\sim F(n_1,n_2)$.

性质:(a) 若 $F\sim F(n_1,n_2)$,则 $\frac{1}{F}\sim F(n_2,n_1)$;

(b) 若 $T\sim t(n)$,则 $T^2\sim F(1,n)$.

F 分布的分位数 $F_\alpha(n_1,n_2)$,由 $P\{F>F_\alpha(n_1,n_2)\}=\alpha$,查 F 分布分位数表可得(图 6-3).

由 F 分布的性质可知:

$$F_\alpha(n_1,n_2)=\frac{1}{F_\alpha(n_2,n_1)}.$$

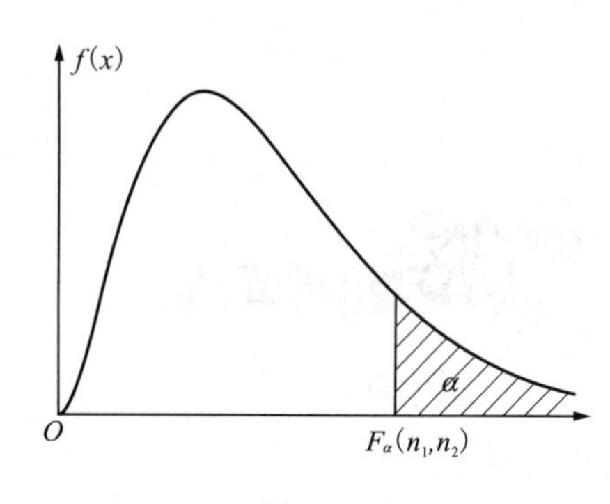

图 6-3

3. 关于正态总体的样本和方差的定理

定理 1:设 $X_1,X_2,\cdots,X_n$ 是来自正态总体 $N(\mu,\sigma^2)$ 的样本,$\overline{X}$ 是样本均值,则有 $\overline{X}\sim N(\mu,\frac{\sigma^2}{n})$.

定理 2:设 $X_1,X_2,\cdots,X_n$ 是总体 $N(\mu,\sigma^2)$ 的样本,$\overline{X},S^2$ 分别是样本均值和样本方差,则有(1)$\frac{(n-1)S^2}{\sigma^2}\sim\chi^2(n-1)$;(2)$\overline{X}$ 与 S^2 独立.

定理 3:设 $X_1,X_2,\cdots,X_n$ 是总体 $N(\mu,\sigma^2)$ 的样本,$\overline{X},S_2$ 分别是样本均值和样本方差,则有 $\frac{\overline{X}-\mu}{\frac{S}{\sqrt{n}}}\sim t(n-1)$.

定理 4:设 $X_1,X_2,\cdots,X_{n_1}$ 与 $Y_1,Y_2,\cdots,Y_{n_2}$ 分别是具有相同方差的两正态总体 $N(\mu_1,\sigma_1^2)$,$N(\mu_2,\sigma_2^2)$ 的样本,且这两个样本相互独立,设 $\overline{X}=\frac{1}{n_1}\sum_{i=1}^{n_1}X_i$,$\overline{Y}=\frac{1}{n_2}\sum_{i=1}^{n_2}Y_i$,分别是这两个样本的均值,$S_1^2=\frac{1}{n_1-1}\sum_{i=1}^{n_1}(X_i-\overline{X})^2$,$S_2^2=\frac{1}{n_2-1}\sum_{i=1}^{n_2}(Y_i-\overline{X})^2$ 分别是这两个样本的方差,则有(1) $\frac{S_1^2/S_2^2}{\sigma_1^2/\sigma_2^2}\sim F(n_1-1,n_2-1)$;

(2)当 $\sigma_1^2=\sigma_2^2=\sigma^2$ 时,$\frac{\overline{X}_1-\overline{X}_2-(\mu_1-\mu_2)}{S_w\sqrt{\frac{\sigma_1^2}{n_1}+\frac{\sigma_2^2}{n_2}}}\sim t(n_1+n_2-2)$,

其中 $S_w^2=\frac{(n_1-1)S_1^2+(n_2-1)S_2^2}{n_1+n_2-2}$,$S_w=\sqrt{S_w^2}$.

例 1 设 X 服从 $N(0,1)$,$(X_1,X_2,\cdots,X_6)$为来自总体 X 的简单随机样本,

$$Y=(X_1+X_2+X_3)^2+(X_4+X_5+X_6)^2$$

试决定常数 C,使得 CY 服从 χ^2 分布.

解:根据正态分布的性质,$X_1+X_2+X_3\sim N(0,\sqrt{3}^2)$,$X_4+X_5+X_6\sim N(0,\sqrt{3}^2)$,则

$$\frac{X_1+X_2+X_3}{\sqrt{3}}\sim N(0,1),\ \frac{X_4+X_5+X_6}{\sqrt{3}}\sim N(0,1)$$

故
$$\left(\frac{X_1+X_2+X_3}{\sqrt{3}}\right)^2\sim\chi^2(1),\left(\frac{X_4+X_5+X_6}{\sqrt{3}}\right)^2\sim\chi^2(1)$$

因为$(X_1,X_2,\cdots,X_6)$相互独立及χ^2分布的可加性

$$\left(\frac{X_1+X_2+X_3}{\sqrt{3}}\right)^2+\left(\frac{X_4+X_5+X_6}{\sqrt{3}}\right)^2$$
$$=\frac{1}{3}[(X_1+X_2+X_3)^2+(X_4+X_5+X_6)^2]\sim\chi^2(2)$$

所以$C=\frac{1}{3}$时,CY服从χ^2分布.

例 2　设总体$\overline{X}\sim N(\mu,\sigma^2)$,从此总体中取一个容量为$n=16$的样本$(X_1,X_2,\cdots,X_{16})$,求:

(1) $P\left\{\frac{\sigma^2}{2}\leqslant\frac{1}{16}\sum_{i=1}^{16}(X_i-\mu)^2\leqslant2\sigma^2\right\}$

(2) $P\left\{\frac{\sigma^2}{2}\leqslant\frac{1}{16}\sum_{i=1}^{16}(X_i-\overline{X})^2\leqslant2\sigma^2\right\}$

解:(1) 因为$(X_1,X_2,\cdots,X_{16})$是来自正态总体的样本,所以$\frac{1}{\sigma^2}\sum_{i=1}^{16}(X_i-\mu)^2\sim\chi^2(16)$,于是

$$P\left\{\frac{\sigma^2}{2}\leqslant\frac{1}{16}\sum_{i=1}^{16}(X_i-\mu)^2\leqslant2\sigma^2\right\}=P\left\{8\leqslant\frac{1}{\sigma^2}\sum_{i=1}^{16}(X_i-\mu)^2\leqslant32\right\}$$
$$=P\{8\leqslant\chi^2(16)\leqslant32\}=P\{8\leqslant\chi^2(16)\leqslant32\}-P\{8\leqslant\chi^2(16)\leqslant32\}$$
$$=[1-P\{\chi^2(16)\geqslant32\}]-[1-P\{\chi^2(16)\geqslant8\}=0.94.$$

(2)因为$\frac{1}{\sigma^2}\sum_{i=1}^{16}(X_i-\overline{X})^2\sim\chi^2(15)$,于是

$$P\left\{\frac{\sigma^2}{2}\leqslant\frac{1}{16}\sum_{i=1}^{16}(X_i-\overline{X})^2\leqslant2\sigma^2\right\}=P\left\{8\leqslant\frac{1}{\sigma^2}\sum_{i=1}^{16}(X_i-\overline{X})^2\leqslant32\right\}$$
$$=P\{8\leqslant\chi^2(15)\leqslant32\}=P\{\chi^2(15)\geqslant8\}-P\{\chi^2(15)\geqslant32\}=0.98.$$

例 3　(1)设X与Y相互独立,且$X\sim N(5,\sqrt{15}^2)$,$Y\sim\chi^2(5)$,求概率$P\{X-5>3.5\sqrt{Y}\}$;

(2)设总体$X\sim N(2.5,6^2)$,X_1,X_2,X_3,X_4,X_5为来自X的样本,求概率

$$P\{(1.3<\overline{X}<3.5)\cap(6.3<S^2<9.6)\}$$

解:(1) $P\{X-5>3.5\sqrt{Y}\}=P\left\{\frac{X-5}{\sqrt{Y}}>3.5\right\}$

$$=P\left\{\frac{\frac{(X-5)}{\sqrt{15}}}{\sqrt{\frac{Y}{5}}}>\frac{\frac{3.5}{\sqrt{15}}}{\sqrt{\frac{1}{5}}}\right\}=P\{t(5)>2.02\}=0.05.$$

(2)因为 $\overline{X}$ 与 S^2 相互独立，

$$p = P\{(1.3 < \overline{X} < 3.5) \cap (6.3 < S^2 < 9.6)\}$$
$$= P\{1.3 < \overline{X} < 3.5\} P\{6.3 < S^2 < 9.6\}$$

因为 $X \sim N(2.5, 6^2)$，$P\{1.3<\overline{X}<3.5\}=P\left\{\frac{1.3-2.5}{\frac{6}{\sqrt{5}}}<\frac{\overline{X}-2.5}{\frac{6}{\sqrt{5}}}<\frac{3.5-2.5}{\frac{6}{\sqrt{5}}}\right\}$

$$=\Phi\left(\frac{3.5-2.5}{\frac{6}{\sqrt{5}}}\right)-\Phi\left(\frac{1.3-2.5}{\frac{6}{\sqrt{5}}}\right)$$

$$=\Phi(0.37)-\Phi(-0.45)=0.3179$$

$$P\{6.3 < S^2 < 9.6\} = P\left\{\frac{6.3\times 4}{6^2} < \frac{4S^2}{6^2} < \frac{9.3\times 4}{6^2}\right\}$$
$$= P\{0.7 < \chi^2(4) < 1.067\}$$
$$= P\{\chi^2(4) > 0.7\} - P\{\chi^2(4) > 1.067\}$$
$$= 0.95 - 0.90 = 0.05$$

故所求概率 $p = 0.317\,9 \times 0.05 = 0.0159$.

例 4 设随机变量 X 与 Y 相互独立且服从相同分布 $N(0,3^2)$，而 $X_1, X_2, \cdots, X_9$ 和 $Y_1, Y_2, \cdots, Y_9$ 分别是来自总体 X 与 Y 的简单随机样本. 证明：统计量 $U=\frac{X_1+\cdots+X_9}{\sqrt{Y_1^2+\cdots+Y_9^2}}$ 服从 t 分布并求其参数.

证：由于 $\frac{Y_i}{3}\sim N(0,1)$，故

$$Y = \sum_{i=1}^{9}\left(\frac{Y_i}{3}\right)^2 = \frac{1}{9}\sum_{i=1}^{9} Y_i^2 \sim \chi^2(9)$$

又
$$\overline{X} = \frac{1}{9}\sum_{i=1}^{9} X_i \sim N(0,1)$$

根据 t 分布的定义，有 $U=\frac{\overline{X}}{\sqrt{Y/9}}\sim t(9)$，所以其分布的自由度为 9.

例 5 设总体 $X\sim N(\mu_1, \sigma_1^2)$，总体 $Y\sim N(\mu_2, \sigma_2^2)$，从两个总体中分别抽取样本，得如下结果：

$$n_1 = 8, s_1^2 = 8.75; n_2 = 10, s_2^2 = 2.66$$

求概率 $P\{\sigma_1^2>\sigma_2^2\}$.

解：由正态总体统计量的抽样分布的性质，得

$$\frac{S_1^2/S_2^2}{\sigma_1^2/\sigma_2^2} \sim F(n_1-1, n_2-1)，即 \frac{8.75\sigma_2^2}{2.66\sigma_1^2} \sim F(7,9)$$

所以
$$P\{\sigma_1^2 > \sigma_2^2\} = P\left\{\frac{8.75\sigma_2^2}{2.66\sigma_1^2} < \frac{8.75}{2.66}\right\}$$

$$=1-P\{\frac{8.75\sigma_2^2}{2.66\sigma_1^2}>3.2895\}=1-0.05=0.95.$$

A 类题

1. 填空题

(1) 设总体 $X\sim N(\mu,\sigma^2)$，样本容量为 n，则 $\overline{X}\sim$ __________，$\frac{(n-1)S^2}{\sigma^2}\sim$ __________.

(2)设 $X_1,X_2,\cdots,X_n$ 是来自总体 $N(0,2^2)$的简单随机样本，则当 $a=$__________，$b=$__________，统计量 $X=a(X_1-2X_2)^2+b(3X_3-4X_4)^2$ 服从 χ^2 分布，其自由度 n 为__________.

(3)设总体 X 服从正态分布 $N(0,2^2)$，$X_1,X_2,\cdots,X_n$ 是来自总体 X 的简单样本，则统计量 $Y=\frac{X_1^1+\cdots+X_{10}^2}{2(X_{11}^2+\cdots+X_{15}^2)}$服从__________分布，参数为__________.

(4)$X_1,X_2,\cdots,X_{17}$是来自总体 $N(\mu,2^2)$的简单随机样本，$\overline{X}$，S^2 分别为样本均值及样本方差，$P\{S^2>a\}=0.01$，则 $a=$__________.

(5)从正态总体 $X\sim N(\mu,\sigma^2)$中抽取一容量为 16 的样本，S^2 为样本方差，则 $D\left(\frac{S^2}{\sigma^2}\right)=$__________.

(6)随机变量 X 服从自由度为(n_1,n_2)的 F 分布，则随机变量 $T=\frac{1}{X}$，服从__________分布，参数为__________.

2. 选择题

(1)设 $X_1,X_2,\cdots,X_n$ 为来自正态总体 $N(0,1)$的简单随机样本，$\overline{X}$，S^2 分别是样本均值与样本方差，则下列表达式正确的是(　　).

(A)$\sqrt{n}\,\overline{X}\sim t(n-1)$　　　　(B)$\overline{X}\sim N(0,1)$

(C)$\frac{\overline{X}}{S}\sim t(n-1)$　　　　(D) $\sum_{i=1}^{n}(X_i-\overline{X})^2\sim\chi^2(n-1)$

(2)设 $X_1,X_2,\cdots,X_n$ 为来自正态总体 $N(\mu,\sigma^2)$容量为 n 的简单随机样本，$\overline{X}$ 是样本均值，记 $S_1^2=\frac{1}{n-1}\sum_{i=1}^{n}(X_i-\overline{X})^2$，$S_2^2=\frac{1}{n}\sum_{i=1}^{n}(X_i-\overline{X})^2$，$S_3^2=\frac{1}{n-1}\sum_{i=1}^{n}(X_i-\mu)^2$，$S_4^2=\frac{1}{n}\sum_{i=1}^{n}(X_i-\mu)^2$，则服从自由度为 $n-1$ 的 t 分布的随机变量是(　　).

(A) $t=\dfrac{\overline{X}-\mu}{\dfrac{S_1}{\sqrt{n-1}}}$ (B) $t=\dfrac{\overline{X}-\mu}{\dfrac{S_2}{\sqrt{n-1}}}$ (C) $t=\dfrac{\overline{X}-\mu}{\dfrac{S_3}{\sqrt{n-1}}}$ (D) $t=\dfrac{\overline{X}-\mu}{\dfrac{S_4}{\sqrt{n-1}}}$

(3)设 $X_1,X_2,\cdots,X_n$ 为来自正态总体 $N(0,\sigma^2)$的简单随机样本,$\overline{X}$ 与 S^2 分别是样本均值与样本方差,则(　　).

(A)$\dfrac{\overline{X}^2}{\sigma^2}\sim\chi^2(1)$　　(B)$\dfrac{S^2}{\sigma^2}\sim\chi^2(n-1)$

(C)$\dfrac{\overline{X}}{S}\sim t(n-1)$　　(D)$\dfrac{S^2}{n\overline{X}^2}\sim F(n-1,1)$

(4)样本 $X_1,X_2,\cdots,X_n$ 取自标准正态分布总体 $N(0,1)$,$\overline{X},S^2$ 分别为样本均值及样本标准差,则(　　).

(A)$\overline{X}\sim N(0,1)$　　(B) $n\overline{X}\sim N(0,1)$

(C) $\sum_{i=1}^{n}X_i^2\sim\chi^2(n)$　　(D)$\dfrac{\overline{X}}{S}\sim t(n-1)$

(5)设 $X_1,X_2,\cdots,X_n$ 与 $Y_1,Y_2,\cdots,Y_m$ 是分别来自总体 $N(\mu_1,\sigma_1^2)$和 $N(\mu_2,\sigma_2^2)$的样本,且相互独立,则 $\dfrac{1}{\sigma_1^2}\sum_{i=1}^{n}(X_i-\overline{X})^2+\dfrac{1}{\sigma_2^2}\sum_{i=1}^{m}(Y_i-\overline{X})^2$ 服从的分布是(　　).

(A)$t(m+n)$　(B)$\chi^2(m+n)$　(C)$\chi^2(m+n-2)$　(D)$F(m,n)$

(6)设随机变量 X 和 Y 都服从标准正态分布,则(　　).

(A) $X+Y$ 服从正态分布　　(B) X^2+Y^2 服从 χ^2 分布

(C)X^2 和 Y^2 都服从 χ^2 分布　　(D)$\dfrac{X^2}{Y^2}$服从 F 分布

(7)设随机变量 $X\sim t(n)$,$n>1$,$Y=\dfrac{1}{X^2}$,则(　　).

(A) $Y\sim\chi^2(n)$　(B) $Y\sim\chi^2(n-1)$　(C) $Y\sim F(n,1)$　(D) $Y\sim F(1,n)$

3. 计算题

(1) 求等式 $P\{F(8,7)>F_{0.05}(8,7)\}=0.05$ 中的 $F_{0.05}(8,7)$.

(2) 求等式 $P\{F(7,8)>F_{0.95}(7,8)\}=0.95$ 中的 $F_{0.95}(7,8)$.

(3) 设 $X_1,X_2,\cdots,X_{10}$是取自总体 $X\sim N(0,0.3^2)$的一个样本，求 $P\{\sum_{i=1}^{10}X_i^2>1.44\}$.

(4) 设 $X_1,X_2,\cdots,X_n$ 是取自正态总体 $N(\mu,\sigma^2)$的一个样本，S^2 为样本方差，试求 $E(S^2)$与 $D(S^2)$.

B 类题

1. 设 $X_1,X_2,\cdots,X_n$ 是来自总体 X 的一个样本，$X\sim\chi^2(n)$，证明：$E(\overline{X})=n$，$D(\overline{X})=2$.

2. 假设 $X_1,X_2,\cdots,X_n$ 是来自总体 X 的简单随机样本，已知 $E(X_i^k)=a_k(k=1,2,3,4)$. 证明：当 n 充分大时，随机变量 $Z_n=\dfrac{1}{n}\sum_{i=1}^{n}X_i^2$ 近似服从正态分布，并指出其分布参数.

第四章　假设检验

第一节　假设检验的基本思想和单个正态总体参数的假设检验

1. 假设检验问题的基本概念和原理

所谓假设检验就是事先对总体提出某种假设,然后由所抽取的样本构造检验统计量,最后对所提出的假设作出接受或拒绝的判断.

当假设 H_0 实际为真时,拒绝 H_0 的这类“弃真”错误称为第Ⅰ类错误;当 H_0 实际为假时,接受 H_0 的这类“取伪”错误称为第Ⅱ类错误。只对犯第Ⅰ类错误的概率加以控制,而不考虑犯第Ⅱ类错误概率的检验称为显著性检验,显著性水平 α 即为犯第Ⅰ类错误的概率.

解题一般步骤:(1)提出假设 H_0;(2)构造检验统计量;(3)确定拒绝域 W;(4)计算检验统计量的值并作出判断.

2. 单个正态总体均值与方差的假设检验

表 8－1　单个正态总体均值与方差的假设检验(显著性水平为 α)

总体	假设 H_0	检验统计量	H_0 的拒绝域
单个正态总体	$\mu=\mu_0$ $\mu\leqslant\mu_0$ $\mu\geqslant\mu_0$ (σ^2 已知)	$u=\dfrac{\overline{X}-\mu}{\dfrac{\sigma}{\sqrt{n}}}$	$\lvert u\rvert\geqslant u_{\frac{\alpha}{2}}$ $u\geqslant u_\alpha$ $u\leqslant -u_\alpha$
	$\mu=\mu_0$ $\mu\leqslant\mu_0$ $\mu\geqslant\mu_0$ (σ^2 未知)	$t=\dfrac{\overline{X}-\mu}{\dfrac{S}{\sqrt{n}}}$	$\lvert t\rvert\geqslant t_{\frac{\alpha}{2}}(n-1)$ $t\geqslant t_\alpha(n-1)$ $t\leqslant -t_\alpha(n-1)$

续表 8-1

总体	假设 H_0	检验统计量	H_0 的拒绝域
单个正态总体	$\sigma^2=\sigma_0^2$ $\sigma^2\leqslant\sigma_0^2$ $\sigma^2\geqslant\sigma_0^2$ (μ 未知)	$\chi^2=\frac{(n-1)S^2}{\sigma^2}$	$\chi^2\geqslant\chi^2_{\frac{\alpha}{2}}(n-1)$ 或 $\chi^2\leqslant\chi^2_{1-\frac{\alpha}{2}}(n-1)$ $\chi^2\geqslant\chi^2_{\alpha}(n-1)$ $\chi^2\leqslant\chi^2_{1-\alpha}(n-1)$

例 1　某车床生产钢丝,用 X 表示折断力,由经验判断 $X\sim N(\mu,\sigma^2)$,其中 $\mu=580$,$\sigma^2=64$.今换了一批材料,从性能上看估计折断力方差 σ^2 不会有什么变化,但不知折断力均值比原先有无变小。今抽得 10 个样本,测得其折断力为:578、572、570、568、572、570、570、572、596、584,取 $\alpha=0.1$,试检验折断力均值有无变化.

解:此题属于方差已知情形单个正态总体均值的双边假设检验问题.

检验 $H_0:\mu=\mu_0=580$

统计量:$u=\dfrac{\overline{X}-\mu}{\dfrac{\sigma}{\sqrt{n}}}\sim N(0,1)$

拒绝域:$W=\{|u|\geqslant u_{\alpha/2}\}=\{|u|\geqslant 1.645\}$

统计量值:$u=\dfrac{575.2-580}{\dfrac{8}{\sqrt{10}}}=-1.9$

由于 $|-1.9|>1.645$,所以拒绝 H_0,即认为折断力均值有显著变化.

例 2　从某厂生产的一批灯泡中随机地抽取 20 只进行寿命测试,由测试结果算得 $\overline{x}=1\ 960\text{h}$,$s=200\text{h}$.假定灯泡寿命 $X\sim N(\mu,\sigma^2)$,其中 μ,σ^2 均未知,在显著性水平 $\alpha=0.05$ 下能否认为这批灯泡的平均寿命达到国家标准 2 000h?

解:此题属于方差未知情形单个正态总体均值的单边假设检验问题.

检验 $H_0:\mu\geqslant\mu_0=2\ 000$

统计量:$t=\dfrac{\overline{X}-\mu}{\dfrac{S}{\sqrt{n}}}$

拒绝域:$W=\{t\leqslant -t_\alpha(n-1)\}=\{t\leqslant -1.729\}$

统计量值:$t=\dfrac{1960-2000}{\dfrac{200}{\sqrt{20}}}=-0.894$

由于 $t=-0.894>-1.792$,所以接受 H_0,即认为这批灯泡的平均寿命达到国家标准2000h.

例 3 某厂生产的某种型号的电池,其寿命(以 h 计)长期以来服从方差 $\sigma^2=5000$ 的正态分布。现有一批这种电池,从它的生产情况来看,寿命的波动性有所改变。现随机取26只电池,测出其寿命的样本方差 $s^2=9200$. 根据这一批数据能否推断这批电池寿命的波动性较以前有无显著变化(取 $\alpha=0.02$)?

解:此题属于均值未知情形单个正态总体方差的双边假设检验问题.

检验 $H_0:\sigma^2=\sigma_0^2=5000$

统计量:$\chi^2=\dfrac{(n-1)S^2}{\sigma^2}\sim\chi^2(n-1)$

拒绝域:$W=\{\chi^2\geqslant\chi^2_{\frac{\alpha}{2}}(n-1)$ 或 $\chi^2\leqslant\chi^2_{1-\frac{\alpha}{2}}(n-1)\}=\{\chi^2\geqslant 44.314$ 或 $\chi^2\leqslant 11.5024\}$

统计量值:$\chi^2=\dfrac{25\times 9200}{5000}=46$

由于 $\chi^2=46\geqslant 44.314$,所以拒绝 H_0,即认为这批电池寿命的波动性较以前有显著变化.

A 类题

1. 填空题

(1)进行假设检验的基本理论基础是____________________.

(2)设$(X_1,X_2,\cdots,X_n)$是来自正态总体 $N(\mu,\sigma^2)$的简单随机样本,其中参数 μ、σ^2 未知,记 $\overline{X}=\dfrac{1}{n}\sum\limits_{i=1}^{n}X_i$、$Q^2=\sum\limits_{i=1}^{n}(X_i-\overline{X})^2$,则假设 $H_0:\mu=\mu_0$ 的 t 检验使用统计量 $t=$________________.

(3)若总体 $X\sim N(\mu,1)$,要检验 $H_0:\mu=\mu_0$ 应选用 U 检验法,相应的统计量为____________,其中________为样本均值,n 为________.

(4)设总体 $X\sim N(\mu_0,\sigma^2)$,μ_0 为未知常数,$(X_1,X_2,\cdots,X_n)$是来自 X 的样本,则检验假设 $H_0:\sigma^2=\sigma_0^2$ 的统计量为__________;当 H_0 成立时,服从__________分布.

2. 选择题

(1)在假设检验中,记 H_0 为待检假设,则犯第一类错误指的是(　　).

(A) H_0 成立时,经检验接受 H_0　　(B) H_0 成立时,经检验拒绝 H_0

(C) H_0 不成立时,经检验接受 H_0　　(D) H_0 不成立时,经检验拒绝 H_0

(2)对正态总体的数学期望 μ 进行假设检验,如果在显著性水平 0.05 下,接受假设 $H_0:\mu=\mu_0$,那么在显著性水平 0.01 下,下列结论中正确的是(　　).

(A) 接受 H_0　　(B) 可能接受，也可能拒绝 H_0

(C) 拒绝 H_0　　(D) 不接受也不拒绝 H_0

(3)设总体 X 服从二项分布 $B(n,p)$，则假设检验 $H_0: p \geqslant 0.6$ 的拒绝域的形式为(　).

(A) $W=\{X \leqslant C_1\} \cup \{X \geqslant C_2\}$　　(B) $W=\{X > C_2\}$

(C) $W=\{X < C_1\}$　　(D) $W=\{C_1 < X < C_2\}$

(4)自动包装机装出的每袋重量服从正态分布，规定每袋重量的方差不超过 a，为了检查自动包装机的工作是否正常，对它生产的产品进行抽样检验，假设检验为 $H_0: \sigma^2 \leqslant a$，$\alpha=0.05$，则下列命题中正确的是(　　).

(A) 如果生产正常，则检验结果也认为生产正常的概率为 0.95

(B) 如果生产不正常，则检验结果也认为生产不正常的概率为 0.95

(C) 如果检验的结果认为生产正常，则生产确实正常的概率为 0.95

(D) 如果检验的结果认为生产不正常，则生产确实不正常的概率为 0.95

3. 回答下列问题

(1)假设检验与区间估计有何异同？

(2)检验假设 H_0 时，对于相同的统计量和相同的显著性水平 α，其拒绝域是否一定唯一？为什么？

4. 计算下列各题

(1)某电器的平均电阻一直保持在 2.64Ω，改变加工工艺后，测得 100 个零件的平均电阻为 2.62Ω，如果改变工艺前后电阻的标准差保持在 0.06Ω，问新工艺对此零件的电阻有无显著影响($\alpha=0.01$)？

(2)用热敏电阻测温仪测量温度,重复 7 次,测得温度的样本平均值 $\overline{X}=112.8$℃,样本方差 $S^2=1.29$,而用精确方法测得温度为 112.6℃. 问用热敏电阻测温仪间接测量温度有无系统偏差($\alpha=0.05$)?

(3)从一批零件中随机抽取 16 个,测得其长度 X 的平均值为 $\bar{x}=403$(mm),样本标准差 $s=6.16$. 已知 $X\sim N(400,\sigma^2)$,σ 未知,问这批零件是否合格($\alpha=0.05$)?

(4)某厂生产乐器用一种镍合金弦线,其抗拉强度的总体均值为 10560kg/cm^2,今生产了一批弦线,随机取 10 根试验,测得抗拉强度的样本均值 $\bar{x}=10631.4$,样本方差 $S^2=81.00^2$,设弦线的抗拉强度服从正态分布,问这批弦线的抗拉强度是否比以往生产的弦线的抗拉强度高($\alpha=0.05$)?

(5)下面列出的是某厂随机选出的 20 只部件的装配时间(单位:min):9.8, 10.4, 10.6, 9.6, 9.7, 9.9, 10.9, 11.1, 9.6, 10.2, 10.3, 9.6, 9.9, 11.2, 10.6, 9.8, 10.5, 10.1, 10.5, 9.7,设装配的总体服从正态分布,问装配时间的均值是否显著大于 10($\alpha=0.05$)?

(6)已知某钢铁厂在生产正常情况下，铁水含碳量均值为 7，方差为 0.03. 现测了 10 炉铁水，测得其平均含碳量为 6.97，方差为 0.0375. 设铁水含碳量服从正态分布，试问生产是否正常($\alpha=0.05$)?

(7)车间生产的金属丝的质量较稳定，折断力方差 $\sigma_0^2=64$. 现从一批产品中抽 10 根作折断力实验，结果为(单位:kg):578,572,570,568,572,570,572,596,584,570. 问这批金属丝的折断力方差是否仍是 64($\alpha=0.05$)?

B 类题

1. 一位小学校长在报纸上看到这样的报道:“这一城市的初中学生平均每周看 8 小时电视”，他认为他所领导的学校的学生看电视的时间明显小于该数字，为此他向 100 个学生作了调查，得知平均每周看电视的时间 $\overline{x}=6.5$ 小时，样本标准差为 $S=2$ 小时，问这位校长的看法是否正确($\alpha=0.05$)?

2. 在一批苹果中随机取 9 个苹果称重，得其样本标准差为 $S=0.007$kg，试问：(1)在显著性水平 $\alpha=0.025$ 下，该批苹果重量标准差是否小于 0.005kg？(2)在显著性水平 $\alpha=0.05$ 下，该批苹果重量标准差是否小于 0.005kg？

3. 某台机器加工某种零件，规定零件长度为 100cm，标准差不得超过 2cm，每天定时检查机器的运行情况，某日抽取 10 个零件测得平均长度为 $\bar{x}=101$cm，样本标准差 $s=2$cm，设加工的零件长度服从正态分布，问该日机器工作状态是否正常($\alpha=0.05$)？

第二节 两个正态总体参数的假设检验

两个正态总体均值与方差的假设检验

表 8-2 两个正态总体均值与方差的假设检验(显著性水平为 α)

总体	假设 H_0	检验统计量	H_0 的拒绝域
两个正态总体	$\mu_1=\mu_2$ $\mu_1\leqslant\mu_2$ $\mu_1\geqslant\mu_2$ (σ_1^2,σ_2^2 已知)	$u=\dfrac{\overline{X}_1-\overline{X}_2-(\mu_1-\mu_2)}{\sqrt{\dfrac{\sigma_1^2}{n_1}+\dfrac{\sigma_2^2}{n_2}}}$	$\lvert u\rvert\geqslant u_{\frac{\alpha}{2}}$ $u\geqslant u_\alpha$ $u\leqslant -u_\alpha$
	$\mu_1=\mu_2$ $\mu_1\leqslant\mu_2$ $\mu_1\geqslant\mu_2$ ($\sigma_1^2=\sigma_2^2$ 未知)	$t=\dfrac{\overline{X}_1-\overline{X}_2}{S_w\sqrt{\dfrac{\sigma_1^2}{n_1}+\dfrac{\sigma_2^2}{n_2}}}$	$\lvert t\rvert\geqslant t_{\frac{\alpha}{2}}(n_1+n_2-2)$ $t\geqslant t_\alpha(n_1+n_2-2)$ $t\leqslant -t_\alpha(n_1+n_2-2)$
	$\sigma_1^2=\sigma_2^2$ $\sigma_1^2\leqslant\sigma_2^2$ $\sigma_1^2\geqslant\sigma_2^2$ (μ_1,μ_2 未知)	$F=\dfrac{S_1^2}{S_2^2}$	$F\geqslant F_{\frac{\alpha}{2}}(n_1-1,n_2-1)$ 或 $F\leqslant F_{1-\frac{\alpha}{2}}(n_1-1,n_2-1)$ $F\geqslant F_\alpha(n_1-1,n_2-1)$ $F\leqslant F_{1-\alpha}(n_1-1,n_2-1)$

例 1 对两批电子器材的样本各测得 6 个个体,得电阻平均值 $\overline{x}_1=0.140$,$\overline{x}_2=0.1385$,其样本方差 $s_1^2=0.000007866$,$s_2^2=0.0000071$. 设两批电器电阻分别服从 $N(\mu_1,\sigma_1^2)$ 和 $N(\mu_2,\sigma_2^2)$ 且相互独立,问两批电器电阻有无显著差异(取 $\alpha=0.05$)?

解:此题属于方差未知情形两个正态总体均值的双边假设检验问题

先检验 $H_0:\sigma_1^2=\sigma_2^2$

统计量:$F=\dfrac{S_1^2}{S_2^2}\sim F(n_1-1,n_2-1)$

拒绝域:$W=\{F\geqslant F_{\alpha/2}(n_1-1,n_2-1)$ 或 $F\leqslant F_{1-\alpha/2}(n_1-1,n_2-1)\}$

$=\{F\geqslant 7.15$ 或 $F\leqslant 0.1399\}$

统计量值:$F=\dfrac{0.000007866}{0.0000071}=1.108$

由于 $0.1399<F=1.108<7.15$,所以接受 H_0,即可认为 $\sigma_1^2=\sigma_2^2$.

再检验 $H_0:\mu_1=\mu_2$

统计量:$t=\dfrac{\overline{X}_1-\overline{X}_2}{S_w\sqrt{\dfrac{\sigma_1^2}{n_1}+\dfrac{\sigma_2^2}{n_2}}}\sim t(n_1+n_2-2)$,其中 $S_w^2=\dfrac{(n_1-1)S_1^2+(n_2-1)S_2^2}{n_1+n_2-2}$

拒绝域:$W=\{|t|\geqslant t_{\alpha/2}(10)\}=\{|t|\geqslant 2.2281\}$

统计量值 $t=\dfrac{0.140-0.1385}{\sqrt{\dfrac{0.000007866+0.0000071}{6}}}=1.6$

由于 $|t|=1.6<2.2281$,所以接受 H_0,即认为两批电器电阻无显著差异.

例 2 有两台车床生产同一型号滚珠,其直径 X,Y 分别服从 $N(\mu_1,\sigma_1^2)$ 和 $N(\mu_2,\sigma_2^2)$. 现从两台车床生产的产品中分别抽取 8 个和 9 个,测得 $s_x^2=0.0955$,$s_y^2=0.0261$,问甲车床加工精度是否优于乙车床(取 $\alpha=0.05$)?

解:此题属于均值未知情形两个正态总体方差的单边假设检验问题.

检验 $H_0:\sigma_1^2\leqslant\sigma_2^2$

统计量:$F=\dfrac{S_x^2}{S_y^2}\sim F(n_1-1,n_2-1)$

拒绝域:$W=\{F\geqslant F_\alpha(n_1-1,n_2-1)\}=\{F\geqslant 3.5\}$

统计量值:$F=\dfrac{0.0955}{0.0261}=3.65$

由于 $F=3.65\geqslant 3.5$,所以拒绝 H_0,即认为乙车床加工精度优于甲车床.

A 类题

1. 为了比较两种枪弹的速度(m/s),在相同的条件下进行速度测定. 计算的数据如下:

枪弹甲:$n_1=110$,$\overline{X}=2805$,$S_1=120.41$;枪弹乙:$n_2=111$,$\overline{Y}=2680$,$S_2=105.00$;假设两枪弹的速度的方差是相等的,在显著性水平 $\alpha=0.005$ 下,两枪弹的速度是否相等?

2. 要比较甲乙两种轮胎的耐磨性，现从两种轮胎中各取 8 个，组成 8 对，再随机取 8 架飞机实验。8 对轮胎磨损量(单位：mg)数据如下：

x_i(甲)	4900	5220	5500	6020	6340	7660	8650	4870
y_j(乙)	4930	4900	5140	5700	6110	6880	7930	5010

假设两种轮胎的磨损量分别服从 $N(\mu_1,\sigma_1^2)$ 和 $N(\mu_2,\sigma_2^2)$ 分布，且两个样本独立. 取 $\alpha=0.05$，问这两种轮胎的耐磨性能有无显著差异？

3. 下表给出文学家 A 的 8 篇小品文和文学家 B 的 10 篇小品文中的由 3 个字母组成的词的比例：

A	0.225	0.262	0.217	0.240	0.230	0.229	0.235	0.217		
B	0.209	0.205	0.196	0.210	0.202	0.207	0.224	0.223	0.220	0.201

设两组数据分别来自正态总体，方差分别为 σ_1^2 和 σ_2^2，试检验假设 $\alpha=0.05$，H_0：$\sigma_1^2=\sigma_2^2$.

4.某厂使用两种不同的原料A和B生产同一类型产品,各在一周的产品中取样进行分析比较,取使用原料A生产的样品220件,测得平均重量为2.46kg,样本标准差$s=0.57$kg,取使用原料B生产的样品205件,测得平均重量为2.55kg,样本标准差为$s=0.48$kg.设这两个样本独立,在显著性水平$\alpha=0.05$下,问原料B生产的产品平均重量是否重于原料A生产的产品平均重量?

B类题

1.有两台机器生产金属部件,分别在两台机器生产的部件中各取一容量$n_1=60$、$n_2=40$的样本,测得部件重量的样本方差分别为$S_1^2=15.46$,$S_2^2=9.66$.设两样本独立,两总体分别服从$N(\mu_1,\sigma_1^2)$和$N(\mu_2,\sigma_2^2)$分布,试在显著性水平$\alpha=0.05$下,检验假设$H_0:\sigma_1^2\leqslant\sigma_2^2$.

2.某化工厂为了提高某种化学药品的得率,提出了两种工艺方案,为了研究哪一种方案好,分别用两种工艺各进行了10次试验,数据如下:

方案甲得率(%):68.1, 62.4, 64.3, 64.7, 68.4, 66.0, 65.5, 66.7, 67.3, 66.2;

方案乙得率(%):69.1, 71.0, 69.1, 70.0, 69.1, 69.1, 67.3, 70.2, 72.1, 67.3,

假设得率服从正态分布,问方案乙的得率是否比方案甲有显著提高($\alpha=0.01$)?

第三节　分布函数的假设检验

分布函数的假设检验——皮尔逊 χ^2 检验法

这是一种常用的分布函数检验方法，即在总体的分布未知时，根据样本 $X_1, X_2, \cdots, X_n$ 来检验关于总体分布的假设。当假设 $H_0: F(x)=F_0(x)$ 为真时，其使用的检验统计量：

$$\chi^2=\sum_{i=1}^{k}\frac{(f_i-np_i)^2}{np_i}$$

近似服从 $\chi^2(k-r-1)$，因而拒绝域为 $W=\{\chi^2>\chi_\alpha^2(k-r-1)\}$. 其中 r 是总体中未知参数的个数(未知参数用极大似然估计值代替)，f_i 和 p_i 分别表示样本值 $x_1, x_2, \cdots, x_n$ 落入第 i 个区间 $(a_{i-1}, a_i)(i=1,2,\cdots,k)$ 的频数和理论概率.

例 1　为了考察某个电话总机在午夜零时至 1 时内电话接错的次数 X，统计了 200 天的记录，得到下列数据：

接错次数	0	1	2	3	≥4
频数	109	65	22	3	1

问在显著性水平 $\alpha=0.10$ 下，能否认为 X 服从泊松分布？

解：需检验 $H_0: X\sim P(\lambda)$，其中 $\lambda>0$ 未知. 先假定 H_0 成立，求出 λ 的极大似然估计值 $\hat{\lambda}=0.61$，再由 $X\sim P(0.61)$ 计算概率 $p_i=\mathrm{e}^{-0.61}\dfrac{(0.61)^i}{i!}$，$i=0,1,2,3$ 得到 $p_0=0.543$，$p_1=0.331$，$p_2=0.101$，$p_3=0.021$，$p_4=1-p_0-p_1-p_2-p_3=0.004$. 考虑到 p_4 太小，因而把 p_4 合并到 p_3 中，得到 $p_3=0.021+0.004=0.025$，计算统计量值为

$$\chi^2=\sum_{i=0}^{3}\frac{(f_i-np_i)^2}{np_i}=0.3837$$

而拒绝域为

$$W=\{\chi^2>\chi_\alpha^2(k-r-1)\}=\{\chi^2>\chi_{0.01}^2(2)\}=\{\chi^2>4.605\}$$

由于 $\chi^2=0.3837<4.605$，所以接受 H_0，即认为电话接错的次数服从 X 泊松分布。

1.有一正四面体,将其四面分别涂为红、黄、蓝、白四种不同颜色.现作如下实验:任意抛掷该四面体,直到白色的一面与地面相接为止,记录下抛掷的次数.作如此实验 200 次,其结果如下表:

抛掷次数	1	2	3	4	≥5
频　　数	56	48	32	28	36

试问该四面体是否均匀($\alpha=0.05$)?

2.在一批灯泡中随机取 300 只作寿命实验,其结果如下表:

寿命 T(h)	$T<100$	$100\leqslant T<200$	$200\leqslant T<300$	$T\geqslant 300$
灯泡数	121	78	43	58

取 $\alpha=0.05$,试检验假设 H_0:灯泡寿命服从指数分布 $f(t)=\begin{cases}0.005e^{-0.005t}, & t\geqslant 0,\\ 0, & t<0.\end{cases}$

3. 在某一实验中，每隔一定时间观测一次由某种铀所放射的到达计数器上的 α 粒子数 X，共观测 100 次，其结果如下表：

i	0	1	2	3	4	5	6	7	8	9	10	11
f_i	1	5	16	17	26	11	9	9	2	1	2	1

其中 f_i 是观测到有 i 个 α 粒子的次数. 取 $\alpha=0.05$，试检验假设 H_0：总体 X 服从泊松分布 $P(X=i)=\frac{\lambda^i e^{-\lambda}}{i!}$.

参考答案

第一章 随机变量及其分布

第一节 离散型随机变量及其分布函数

A 类题

1. (1) $C_3^k(0.8)^k(0.2)^{3-k}$, $k=0,1,2,3$; (2) $1-4e^{-3}\approx 0.8006$;

(3) $F(x)=\begin{cases}0, & x<0\\ 1-p, & 0\leqslant x<1\\ 1, & x\geqslant 1\end{cases}$; (4) $\dfrac{16}{15}$; (5)

X	-1	1	3
P	0.4	0.4	0.2

.

2. (1) B; (2) A.

3. (1) X 的分布列为

X	5	6	7	8	9	10
P	$\frac{1}{252}$	$\frac{5}{252}$	$\frac{5}{84}$	$\frac{5}{36}$	$\frac{5}{18}$	$\frac{1}{2}$

;

(2) X 的分布列为

X	1	2	3
P	$\frac{1}{6}$	$\frac{1}{2}$	$\frac{1}{3}$

分布函数为 $F(x)=\begin{cases}0, & x<1,\\ \dfrac{1}{6}, & 1\leqslant x<2,\\ \dfrac{2}{3}, & 2\leqslant x<3,\\ 1, & x\geqslant 3.\end{cases}$

(3) (a) $P\left(\dfrac{1}{2}<X<\dfrac{5}{2}\right)=\dfrac{1}{5}$; (b) $P(1\leqslant x\leqslant 3)=\dfrac{2}{5}$; (c) $P(X>3)=\dfrac{3}{5}$;

(4) (a) $X\sim B(5,0.1)$; (b) $P(X=2)=0.07290$;

(c) $P(X\geqslant 3)=0.00856$, $P(X\geqslant 1)=0.40951$.

B 类题

1. X 的概率分布为 $P(X=k)=P(\overline{A}_1\overline{A}_2\cdots\overline{A}_{k-1}A_k)=(1-\dfrac{11}{36})^{k-1}\cdot\dfrac{11}{36}$, $k=1,2,\cdots$.

2. $\begin{pmatrix}\xi & 0 & 1 & 2 & 3 & 4\\ P & 0.4 & 0.3 & 0.12 & 0.09 & 0.09\end{pmatrix}$.

3. 略.

第二节 连续型随机变量及其分布函数

A 类题

1. (1) $1,-1,e^{-1}-e^{-4}$，$\begin{cases}2e^{-2x}, & x>0\\0, & x\leqslant 0\end{cases}$；(2) $-\frac{1}{\pi}$，0.5，0；(3) $f(x)=\begin{cases}\frac{1}{\theta}e^{-\frac{1}{\theta}x}, & x>0,\\0, & x\leqslant 0.\end{cases}$

(4) 0.8；(5) 0.2；(6) $f(x)=\begin{cases}\frac{1}{2}, & x\in(-1,1),\\0, & \text{其他}.\end{cases}$

2. (1) A；(2) B；(3) C；(4) B；(5) A.

3. (1) (a) $f(x)=\begin{cases}\frac{1}{10000}e^{-x/10000}, & x>0,\\0, & x\leqslant 0;\end{cases}$ (b) $e^{1/2}-e^{-1}$；(c) e^{-1}；

(2) (a) $P(X\geqslant 1)=2e^{-1}$；(b) $f(x)=F'(x)=\begin{cases}xe^{-x}, & x\geqslant 0,\\0, & x<0;\end{cases}$

(3) (a) $k=3$；(b) 0.973；(4) (a) $\begin{cases}A=\frac{1}{2}\\B=\frac{1}{\pi}\end{cases}$；(b) $P(-1<x<1)=\frac{1}{2}$；

(c) $f(x)=F'(x)=\frac{1}{\pi(1+x^2)}$，$-\infty<x<+\infty$.

B 类题

1. X 的分布函数为 $F(x)=\begin{cases}0, & x<0,\\\left(\frac{x}{R}\right)^3, & 0\leqslant x\leqslant R,\\1, & x\geqslant R;\end{cases}$

X 的密度函数为 $f(x)=F'(x)=\begin{cases}\frac{3x^2}{R^3}, & 0\leqslant x\leqslant R,\\0, & x<0,x>R.\end{cases}$

2. 3%.

3. $P(Y=2)=\frac{9}{64}$.

第三节 随机变量函数的分布

A 类题

1. (1) $Y\sim N(0,1)$；(2) $N(a\mu+b,\ a^2\sigma^2)$；(3) $f_Y(x)=\begin{cases}0, & y\leqslant 0,\\\frac{1}{\sqrt{2\pi}}e^{-y/2}y^{-1/2}, & y>0.\end{cases}$

(4) $f_Y(y)=\begin{cases}\frac{1}{4\sqrt{y}}, & 0<y<4,\\0, & \text{其他}.\end{cases}$

2. (1) A；　(2) C；　(3) B.

3. (1)

(a)

η	0	$\frac{\pi^2}{4}$	π^2
P	0.3	0.6	0.1

(b)

η	-1	0	1
P	0.1	0.6	0.3

(2) (a) $f_Y(y)=\begin{cases}\frac{1}{y}, & 1<y<\mathrm{e},\\ 0, & y\leqslant 1, y\geqslant \mathrm{e}.\end{cases}$　(b) $f_Z(y)=\begin{cases}\frac{1}{2}\mathrm{e}^{-y/2}, & y>0,\\ 0, & y\leqslant 0.\end{cases}$

(3) (a) $f_Y(y)=\begin{cases}\frac{1}{\sqrt{2\pi}}\mathrm{e}^{-(\ln y)^2/2}\cdot\frac{1}{y}, & y>0,\\ 0, & y\leqslant 0.\end{cases}$　(b) $f_W(y)=\begin{cases}\sqrt{\frac{2}{\pi}}\mathrm{e}^{-y^2/2}, & y\geqslant 0,\\ 0, & y<0.\end{cases}$

(4) $f_\eta(y)=\begin{cases}\frac{1}{b-a}\sqrt[3]{\frac{2}{9\pi}}y^{-2/3}, & \frac{\pi}{6}a^3\leqslant y\leqslant\frac{\pi}{6}b^3,\\ 0, & \text{其他}.\end{cases}$

B 类题

1. $f_\eta(y)=\frac{1}{\pi\sqrt{1-y^2}}, -1<y<1$,　**2.** $1-\frac{\sqrt{2}}{2}$;　**3.** $\frac{2}{\sqrt{2\pi}}\mathrm{e}^{-y^2/2}$.

第二章　随机变量的数字特征

第一节　数学期望与方差

A 类题

1. (1) 2；　(2) 37.8；　(3) 6,0.4；　(4) 2；　(5) $\frac{4}{3}$；　(6) $-19,143$；　(7) 1,0.5；　(8) 2.

2. (1) A；　(2) A；　(3) C；　(4) C；　(5) D.

3. (1) $E(Y)=\frac{\pi}{24}(a+b)(a^2+b^2)$；　(2) $E(Y)=-\frac{1+\ln 2}{2}, D(Y)=\frac{1}{4}(\ln 2)^2+\frac{1}{2}\ln 2+\frac{3}{4}$；

(3) $\frac{a}{3}$；　(4) 1.25,0.312 5；　(5) $E(X)=\sqrt{\frac{\pi}{2}}\sigma$；$D(X)=\left(2-\frac{\pi}{2}\right)\sigma^2$；$P\{X>E(X)\}=\mathrm{e}^{-\pi/4}$；

(6) $E(X)=2$，$E(Y)=0$；$E(Z)=-0.066\ 7$；$E(W)=5$；　(7) $a=12$，$b=-12$，$c=3$.

B 类题

1. (1) $D(|X-Y|)=1-\frac{2}{\pi}$.　**2.** $9\left[1-\left(\frac{8}{9}\right)^{25}\right]$.　**3.** 期望是$\frac{n+1}{2}$，方差是$\frac{n^2-1}{12}$.

C 类题

$E[Z]=\frac{\sigma}{\sqrt{\pi}}+\mu$.

第二节　协方差和相关系数　原点矩与中心矩

1. (1) $N(0,5)$；　(2) 85,37；　(3) $18\frac{1}{4}$；　(4) -4；　(5) $\frac{1}{2}$.

2. (1) B；　(2) D；　(3) D；　(4) D；　(5) D；　(6) B.

3. (1) $\rho_{XY}=\frac{1}{2}$；

(2) (a) $A=0.5$；　(b) $E(X)=\frac{\pi}{4}$，$D(X)=\frac{\pi^2}{16}+\frac{\pi}{2}-2$，$E(Y)=\frac{\pi}{4}$，$D(Y)=\frac{\pi^2}{16}+\frac{\pi}{2}-2$；

(c) $E(XY)=\frac{\pi}{2}-1$，$\rho_{XY}=-\frac{\pi^2-8\pi+16}{\pi^2+8\pi-32}$；

(3) $\rho_{XY}=-\frac{1}{11}$；　(4) $\rho_{YZ}=0$；　(5) $b=\frac{1}{8}$，$a=\frac{1}{8}$　X 与 Y 不独立；

(6) $E(X+Y+Z)=1$；$D(X+Y+Z)=4$.

B类题

1. (1) $E(X)=0$，$D(X)=2$；　(2) $\operatorname{cov}(X,|X|)=0$，$X$ 与 Y 不相关；　(3) X 与 $|X|$ 不相互独立.

2. (1) $E(Z)=\frac{1}{3}$，$D(Z)=3$；　(2) $\rho_{XZ}=0$.

3. $\rho_{\xi\eta}=\frac{\alpha^2-\beta^2}{\alpha^2+\beta^2}$；$\alpha=-\beta$ 时 ξ,η 不相关.

第三章　样本与抽样分布

第一节　基本概念与样本数字特征

A类题

1. (1) $\frac{1}{n}\sum_{i=1}^{n}X_i$，$\frac{1}{n-1}\sum_{i=1}^{n}(X_i-\overline{X})^2$；　(2) $\frac{1}{\sqrt{8\pi}}\mathrm{e}^{-(x-4)^2/8}$；

(3) $f(x_1,x_2,\cdots,x_n)=\begin{cases}\frac{1}{\theta^n}\mathrm{e}^{-1/\theta\sum_{i=1}^{n}x_i}, & x_i>0,\\ 0, & \text{其他}.\end{cases}$　(4) $n\geqslant 40$；　(5) $\frac{n\sigma^2}{a^2b^2}(b^2-a^2)$.

2. (1) C；　(2) D；　(3) B；　(4) C；　(5) C；　(6) C.

3. (1) $\bar{x}=0.5089$，$s^2=0.000118$；　(2) 略；

(3) $F_{10}(x)=\begin{cases}0, & x<48,\\ \frac{1}{10}, & 48\leqslant x<51,\\ \frac{4}{10}, & 54\leqslant x<68,\\ \frac{6}{10}, & 68\leqslant x<70,\\ \frac{8}{10}, & 70\leqslant x<73,\\ 1, & 73\leqslant x.\end{cases}$　(4) (a),(c),(d),(e)是统计量；(b),(f)不是统计量；

(5) $f(x,y)=\frac{1}{2\pi\sigma^2\sqrt{m(n-m)}}\exp\left\{-\frac{(x-m\mu)^2}{2m\sigma^2}-\frac{(y-n\mu+m\mu)^2}{2(n-m)\sigma^2}\right\}$.

6. n 至少应取 35.

B 类题

1. 证明略.　**2.** (1) $D(Y_i)=\frac{n-1}{n}$；　(2) $\mathrm{cov}(Y_1,Y_n)=-\frac{1}{n}$.

第二节　正态总体的抽样分布

A 类题

1. (1) $N(\mu,\frac{\sigma^2}{n})$, $\chi^2(n-1)$；　(2) $\frac{1}{20},\frac{1}{100},2$；　(3) $F,(10,5)$；　(4) 8；　(5) $\frac{2}{15}$；

(6) $F,(n_2,n_1)$.

2. (1) D；　(2) B；　(3) D；　(4) C；　(5) C；　(6) C；　(7) C.

3. (1) $F_{0.05}(8,7)=3.73$；　(2) $F_{0.95}(7,8)=\frac{1}{F_{0.05}(8,7)}\approx 0.268$；

(3) $P\{\sum_{i=1}^{10}X_i^2>1.44\}=0.10$；　(4) $E(S^2)=\sigma^2$, $D(S^2)=\frac{2\sigma^4}{n-1}$.

B 类题

1. 提示：$E(X)=n$, $D(X)=2n$.

2. 提示：$X_1^2,X_2^2,\cdots,X_n^2$ 独立同分布且有 $E(X_i^2)=a_2$, $D(X_i^2)=E(X_i^4)-[E(X_i^2)]^2=a_4-a_2^2$.

第四章　假设检验

第一节　假设检验的基本思想与单个正态总体参数的假设检验

A 类题

1. (1) 小概率事件在一次试验中几乎不可能发生；

(2) $\sqrt{n(n-1)}\frac{\overline{X}-\mu_0}{Q}$；　(3) $\frac{\overline{X}-\mu_0}{\frac{1}{\sqrt{n}}}$, $\overline{X}$, 样本点个数；　(4) $\frac{\sum_{i=1}^{n}(X_i-\overline{X})^2}{\sigma_0^2}$；$\chi^2(n-1)$.

2. (1) B；　(2) A；　(3) B；　(4) A.

3. (1)相同点：都是要讨论总体参数的取值情况；

不同点：区间估计是对总体某参数在一定的置信度下的取值区间进行估计，而假设检验是对总体某个参数是否等于(或者大于、小于)一个给定的数值进行判断.

(2)不一定，因为即使对于相同的统计量和相同的显著性水平，小概率事件的构造并不一定唯一，从而导致拒绝域不唯一.

4. (1) 认为新工艺对此零件的电阻有显著影响；

(2) 认为测温仪间接测量温度无系统偏差；

(3) 认为这批零件合格；

(4) 认为这批弦线的抗拉强度比以往生产的弦线抗拉强度高；

(5) 认为装配时间的均值显著大于 10;

(6) 认为生产正常;

(7) 认为这批金属丝的折断力的方差仍是 64.

B 类题

1. 认为这位校长的看法是对的.

2. (1)认为该批苹果重量标准差小于 0.005kg;

(2)认为该批苹果重量标准差大于 0.005kg.

第二节 两个正态总体参数的假设检验

A 类题

1. 认为两枪弹速度有显著差异.

2. 认为两种轮胎磨损有显著差异.

3. 认为 $\sigma_1^2=\sigma_2^2$.

4. 认为原料 B 的产品平均重量较使用原料 A 为大.

B 类题

1. 接受 H_0

2. 认为方案乙比方案甲显著提高得率.

第三节 分布函数的假设检验

1. 认为四面体不均匀.

2. 认为灯泡寿命服从给定的指数分布.

3. 认为总体服从泊松分布,并且参数 $\hat{\lambda}=4.2$.